OBSERVATIONS

DE

LA LUNE, DES PLANÈTES

ET DES

ÉTOILES FIXES.

LIVRE IV,

Où l'on examine les Erreurs principales du quart-de-cercle mural destiné aux Observations de la déclinaison des Astres, avec un supplément aux ascensions droites des Étoiles zodiacales qui ont été comparées aux Planètes & à la Lune, à leur passage par le Méridien.

Suivies de nouvelles Recherches sur les Réfractions astronomiques, & principalement sur les Réfractions horizontales.

A PARIS,

DE L'IMPRIMERIE ROYALE.

M. DCCLXXIII.

SUITE DU DISCOURS HISTORIQUE.

LES Obſervations qui ſuivent, doivent être regardées déformais comme faiſant partie de l'Hiſtoire céleſte de France, quoiqu'elles n'aient été d'abord commencées que dans la vue de procurer aux Navigateurs une période entière des erreurs des Tables Newtoniennes pendant dix-huit années. Depuis quinze ans je me ſuis contenté d'envoyer dans nos ports un Extrait des Tables de ces erreurs, à chaque voyage que les Officiers du port de Breſt ont entrepris pour la recherche des Longitudes, & en dernier lieu j'avois préparé une ſuite des Obſervations de 1735 & 1753 pour la Frégate d'expérience, armée dans le même port; le retardement d'une année qu'a ſubi l'armement projeté, m'avoit engagé à continuer d'en faire les calculs pour l'année ſuivante 1754 & dont la première partie fut communiquée à M. de Verdun, Lieutenant de vaiſſeau, avant ſon départ en Octobre 1771.

Je ne doutois nullement que malgré les diverſes opinions qui règnoient entre les partiſans de ceux qui ont fabriqué des Tables lunaires, les obſervations toutes rédigées, ne fuſſent utiles aux Navigateurs: on en a vu un exemple dans les Mémoires de l'Académie des Sciences de l'année 1770, lorſqu'il a été queſtion de décider de la Longitude du Cap-françois à Saint-Domingue: c'eſt-à-dire lorſqu'il falloit traiter cette fois-là, de la méthode générale de trouver la Longitude à la mer par les ſeules hauteurs de la Lune, en un mot, d'y ſuppléer au défaut des obſervations nocturnes ou diſtances de la Lune aux Étoiles, meſurées avec les octans ou mégamètres.

Quant à ce qui regarde le progrès de l'Aſtronomie, & l'application que nous pouvons y faire d'une théorie de la Lune qui n'eſt pas encore complète, je me ſuis vu dans la néceſſité de ſuivre mon ancien plan, ſavoir, de laiſſer à chacun des Calculateurs la liberté d'établir, à ſon gré, les déclinaiſons obſervées & qu'on trouve dans chacun des Livres de mes Obſervations.

Deux obſtacles invincibles m'ôtoient juſqu'ici l'eſpoir de réuſſir à conſtater irrévocablement les hauteurs méridiennes: on les trouve à la vérité déjà corrigées par l'erreur de l'inſtrument au zénith; mais les erreurs des diviſions & l'effet des réfractions variables, qui ſont bien plus dépendantes de la conſtitution d'un air orageux, & au contraire ſimplement aſſujetties au courant libre des vents généraux, qu'elles ne dépendent de nos échelles vulgaires du baromètre & du thermomètre; ces incertitudes, dis-je, m'ont néceſſairement arrêté dans la recherche de la déclinaiſon des Aſtres.

Quant aux erreurs des diviſions, j'ai vérifié juſqu'ici le quart-de-cercle mural de 5 pieds, à l'aide d'un autre plus grand de 7 pieds & demi de rayon, que Jean Bird me conſtruiſit à Londres, immédiatement après avoir achevé le quart-de-cercle mural de Gréenwich. Je fis en 1751 un ſecond voyage à ce deſſein & j'en conférai avec feu M. Graham.

Il y a toujours beaucoup plus de facilité à comparer deux muraux que l'un de ceux-ci à un quart-de-cercle mobile, parce que leur poſition eſt conſtante à l'égard du plan du Méridien; & qu'il n'y a nul doute que celle du quart-de-cercle mobile étant variable, les fils horizontaux n'y repréſentent plus la tangente d'un parallèle à l'Équateur; dans ce dernier cas, ſi l'on manque de prendre la hauteur d'un astre à la croisée commune du fil vertical & du fil horizontal, les hauteurs pourroient bien s'ensuivre très-défectueuses, comme cela est connu il y a long-temps; car la loi des quarrés de ces différences de hauteur, à compter du centre du champ de la lunette, n'est que dans un seul cas proportionnelle aux distances mesurées en temps & réduites en minutes, &c. de l'Équateur, savoir lorsque le fil vertical représente le méridien.

On verra ci-après ce qu'ont donné l'un & l'autre quart-de-cercle pour diverses distances au zénith auxquelles répondent les Étoiles de la première grandeur.

Le quart-de-cercle mural de 5 pieds de rayon, a été vérifié aussi quant à l'arc de 90 degrés, & principalement en l'année 1772, d'abord au zénith par le retournement qui donnoit 1′ 18″ d'erreur dans la ligne de collimation ou parallélisme de la lunette de l'alidade; mais avec un excellent niveau de la construction d'Huygens, garni de deux lunettes contre-pointées, j'ai reconnu, à l'aide de la mire placée dans le niveau, que le parallélisme n'étoit que de 1′ 24″; d'où il s'ensuit que l'erreur sur l'arc total excéderoit à peine 5 secondes: or cette opération a été réitérée plusieurs fois à l'aide de ce niveau, dont la suspension étoit celle des couteaux, la même que l'on a coutume de pratiquer pour quelques horloges à pendule.

Avant que ce quart-de-cercle fut envoyé à Berlin, je fis construire un compas à verge, de six pieds, semblable à ceux de Graham & dont la description se trouve publiée; feu M. Julien Le Roy m'ayant procuré un centre d'acier garni de cuivre par ses extrémités cylindriques, le 28 Juillet 1751, j'ai lû à l'Académie l'état de cet instrument que j'envoyois par mer à Berlin, & dont voici la substance.

1.° Le rayon porté du centre à 90 degrés, décrivoit un cercle qui s'écartoit principalement de l'ancien vers 50 degrés, mais vers o degrés il y avoit encore un léger excès ou écart au-delà de l'ancien cercle.

2.° L'arc de 60 degrés ou le rayon porté en deux fois alternativement depuis 90 degrés jusqu'à 30 degrés sur le nouvel arc, ou bien depuis le point qui s'y trouvoit sur le prolongement de la ligne qui passoit par le commencement de la division jusque sur 60 degrés; cet intervalle, dis-je, a fait reconnoître, étant partagé en deux, à l'aide d'un autre compas, un arc de 90 degrés plus près de l'autre extrémité que de l'ancien point de 15 à 20 secondes, ce qui prouve que les anciens points de o degrés & de 90 degrés sont trop écartés.

Feu M. de Maupertuis ayant desiré qu'on répétât les parallaxes de la Lune à la manière dont M. Krosill l'avoit déjà ébauché au commencement du siècle, je lui offris un de nos jeunes Observateurs, & mon quart-de-cercle mural de 5 pieds, dont je pouvois me passer alors, puisqu'il étoit question de rebâtir plus en grand mon Observatoire. Ce choix de l'Observateur qui devoit aller à Berlin, étant agréé, M. le Comte d'Argenson à qui je le présentai, ainsi qu'au Président de l'Académie des Sciences, obtinrent à ma sollicitation une gratification de Sa Majesté, & je fis embarquer au Havre pour Hambourg, le quart-de-cercle mural de 5 pieds de rayon, avec telles précautions qu'il n'a souffert en allant ni à son retour par eau, aucunes altérations comme on le va voir.

Le 25 Mai 1758, l'instrument étant dans la situation horizontale, M. de

Chabert & moi ayant confidéré que l'arc tracé en 1751 n'étoit nullement altéré; le thermomètre étant à 16 degrés, nous portames la pointe du compas à verge depuis le centre jufqu'à 0 degrés & 90 degrés, & nous fumes pleinement convaincus que depuis 1751 l'inftrument n'avoit fouffert aucune altération : j'avois déjà trouvé le 20 au matin ces mêmes effets pour la circonférence tracée en 1751 : enfin au folftice d'été en 1758, je tentai aux deux muraux les comparaifons fuivantes, fans aucunes corrections.

Mural de 7 pieds ½ de rayon . . . . l'ancien de 5 pieds

α *de la Chèvre* . . . . le 23 Juin   3^d 09′ 55″ ou 57″ ½.

le 29 Juin, 3^d 08′ 40″, différence 1′ 27″ ½ . . . . 3. 09. 57 ½.

au 5 Août on a trouvé la même différence 1. 27 ½,

Et le 23 Juin, le bord fupérieur du Soleil obfervé à ces deux quarts-de-cercle muraux n'a pas donné pour différence au-delà de 1′ 25″ & à *Arcturus* 1′ 27″ ½.

Sirius, le 27 Juin 65^d 14′ 07″ ½, différence 1′ 12″ ½ . . . 65^d 15′ 20″.

Vénus, le 28 . . . 33. 12. 35 . . . . 1. 20 . . . . 33. 13. 55.

Afcenfions droites moyennes des Étoiles zodiacales, qui doivent fervir de fupplément à celles de la page 4 du troifième Livre.

NOMS des SIGNES DU ZODIAQUE.	ASCENSION droite MOYENNE.	Mouvem.^t annuel.
Le Bélier.	1750.	
1/4δ. 29^d 24′ 55″	29^d 32′ 50″	47″,47
ξ 29. 49. 00	29. 56. 50	47,20
θ 30. 55. 55	31. 04. 20	49,51
Suivante 31. 11. 15	31. 19. 40	49,51
32. 02. 57	32. 11. 10	49,17
32. 43. 22	32. 51. 35	49,18
ν 36. 02. 00	36. 10. 30	50,68
μ 36. 56. 00	37. 04. 05	50,55
la 1.re π 37. 49. 25	37. 57. 45	50,05
Bor. 38. 30. 20	38. 38. 40	49,90
Auft. 38. 42. 15	38. 50. 35	49,86
σ 39. 18. 15	39. 26. 30	49,38
ε 41. 06. 10	41. 14. 40	51,10
41. 29. 33	41. 37. 55	50,25
la 6.^e ρ 43. 12. 07	43. 20. 30	50,36
1 τ 46. 34. 33	46. 43. 07 ½	51,46
2 τ 47. 22. 58	47. 31. 30	51,47
Les Gemeaux.	1750.	
1 informe ⎰ 84. 37. 37	84. 46. 30	53,35
2 ⎱ 84. 46. 07	84. 55. 00	53,25
85. 56. 45	86. 06. 10	56,43
86. 09. 50	86. 19. 15	56,44
88. 29. 00	88. 38. 10	54,80
88. 53. 30	89. 02. 37 ½	54,80
90. 10. 07 ½	90. 19. 07 ½	54,80
90. 32. 40	90. 41. 52	55,62
91. 34. 25	91. 43. 45	55,62
d 98. 59. 03	99. 08. 05	54,18
104. 55. 03	105. 04. 30	56,60

NOMS des SIGNES DU ZODIAQUE.	ASCENSION droite MOYENNE.	Mouvem.^t annuel.
Le Taureau.	1750.	
ß 1/4δ. 48′ 16′ 30″	48^d 24′ 55″	48″,51
s 49. 03. 43	49. 11. 50	48,70
c 53. 50. 50	53. 59. 00	49,14
fous ω 58. 15. 55	58. 24. 30	51,27
φ 61. 06. 10	61. 15. 20	55,05
1 χ 62. 29. 22	62. 38. 15	53,27
2 χ 62. 30. 07	62. 39. 00	53,27
υ 62. 41. 50	62. 50. 45	53,48
double 62. 45. 25	62. 51. 30	53,49
⎰ 67. 46. 40	67. 55. 20 ⎱	52,31
⎱ 67. 49. 40	67. 58. 20 ⎰	
avant k 70. 05. 50	70. 16. 00	54,82
k 70. 34. 20	70. 43. 25	54,82
72. 10. 10	72. 19. 05	53,49
74. 04. 30	74. 13. 45	56,63
78. 00. 15	78. 09. 00	52,44
78. 53. 05	79. 01. 40	51,50
L'Écreviffe.	1750.	
π 112. 59. 02	113. 07. 20	49,76
116. 21. 53	116. 30. 55	54,25
117. 06. 34	117. 15. 30	53,65
β 120. 35. 48	120. 44. 30	49,20
121. 42. 20	121. 50. 50	51,32
3.e υ 124. 01. 30	124. 10. 05	51,40
129. 07. 23	129. 16. 00	51,70
129. 46. 30	129. 54. 37 ½	51,80
129. 55. 23	130. 04. 00	51,80
132. 54. 15	133. 03. 40	50,50
133. 30. 00	133. 38. 25	50,56

NOMS des SIGNES DU ZODIAQUE.	ASCENSION droite MOYENNE.	Mouvem.ᵗ annuel.
Suite des Gemeaux.	1750.	
q 106ᵈ 38′ 13″	106ᵈ 47′ 07″½	53″,51
x 112. 10. 35	112. 19. 45	54,82
g 112. 45. 35	112. 54. 40	52,55
Le Lion.	1750.	
1 ω 1740. 138. 37. 15	138. 45. 25	49,13
2 138. 38. 45	138. 46. 55	49,10
h 139. 29. 40	139. 37. 45	48,63
μ 144. 29. 00	144. 37. 40	52,12
145. 49. 37	145. 57. 52½	49,59
1 π 146. 04. 30	146. 12. 50	47,98
2 π 146. 36. 40	146. 44. 40	49,58
ν 148. 16. 25	148. 24. 40	48,22
A 148. 30. 53	148. 38. 55	48,61
α 148. 37. 05	148. 45. 10	47,74
1 ρ 153. 27. 52	153. 35. 50	47,74
2 ρ 154. 46. 20	154. 54. 17½	42,76
i 154. 33. 30	154. 41. 37½	48,68
ι 158. 53. 05	159. 01. 02½	47,67
χ 162. 53. 50	163. 01. 40	47,06
avant τ 166. 54. 08	167. 01. 55	46,65
l 167. 35. 00	167. 42. 55	47,67
168. 23. 55	168. 31. 40	46,48
La Balance. 1740.	1750.	
avant μ 216. 35. 30	216. 43. 43	49,24
217. 54. 57	218. 03. 10	49,07
218. 30. 57	218. 39. 15	49,82
2.ᵉ ι 224. 38. 30	224. 47. 00	50,93
225. 20. 18	225. 28. 50	51,34
228. 54. 45	229. 03. 22½	51,63
229. 27. 52	229. 36. 40	52,86
1 ψ 235. 38. 55	235. 47. 17½	50,18
2 ψ 235. 42. 35	235. 50. 57½	50,19
Le Sagittaire.	1750.	
avant la Flèche 256. 45. 25	256. 54. 50	56,48
264. 18. 53	264. 28. 17½	56,42
bor. 265. 35. 45	265. 45. 20	57,52
1 γ 267. 06. 00	267. 15. 32½	57,80
267. 54. 00	268. 03. 30	57,03
269. 55. 20	270. 04. 20	53,80
270. 56. 00	270. 05. 00	53,70
270. 16. 13	270. 25. 10	53,70
273. 40. 45	273. 49. 20	51,50
275. 40. 10	275. 49. 20	54,90
274. 30. 00	274. 39. 10	55,30
275. 48. 45	275. 57. 55	55,30
276. 46. 25	276. 55. 35	55,05
277. 16. 45	277. 26. 00	55,55
277. 17. 03	277. 26. 00	53,64
277. 29. 13	277. 36. 10	53,64
278. 33. 25	278. 42. 20	53,62

NOMS des SIGNES DU ZODIAQUE.	ASCENSION droite MOYENNE.	Mouvem.ᵗ annuel.
Suite de l'Écreviſſe.	1750.	
133ᵈ 53′ 28″	134ᵈ 01′ 40″	49″,23
136. 56. 08	136. 04. 20	49,22
ω 138. 33. 15	138. 45. 30	49,13
La Vierge.	1750.	
1740. 173. 56. 12	174. 03. 55	46,20
175. 32. 25	175. 40. 07½	46,27
176. 55. 55	177. 03. 35½	46,17
θ 177. 59. 45	178. 07. 30	46,27
s 179. 12. 18	179. 20. 00	46,20
r 179. 05. 20	179. 13. 00	46,20
suivante 180. 24. 15	180. 32. 00	46,20
f 185. 51. 00	185. 58. 45	46,33
suivante 186. 31. 37	186. 39. 20	46,36
188. 31. 25	188. 39. 10	46,43
1 k 191. 34. 02	191. 41. 50	46,22
2 k 191. 48. 28	191. 56. 10 }	
3 k 192. 38. 08	192. 45. 50 }	46,21
ε 192. 18. 07	192. 25. 50	45,25
g 193. 34. 50	193. 42. 35	46,95
194. 02. 48	194. 10. 35	46,82
σ 196. 23. 00	196. 30. 35	45,49
Pied 209. 10. 12	209. 18. 20	48,81
Le Scorpion.	1750.	
1740 γ 222. 13. 48	222. 22. 30	52,26
1 224. 21. 40	224. 30. 10	50,93
225. 20. 12	225. 28. 50	51,78
e 230. 19. 47	230. 28. 50	54,20
230. 40. 35	230. 49. 37½	54,20
2 λ 235. 01. 10	235. 09. 50	51,94
3 C 240. 33. 45	240. 43. 00	55,44
243. 52. 05	244. 01. 12	54,90
suivante γ 247. 11. 50	247. 21. 10	56,00
248. 11. 12½	248. 40. 07½	53,49
Le Capricorne.	1750.	
298. 26. 17	298. 35. 30	54,65
Bor. ξ 299. 22. 40	299. 31. 35	53,69
Auſtr. 299. 26. 40	299. 37. 30	53,68
σ 301. 05. 50	301. 14. 30	52,37
ν 301. 32. 48	301. 41. 45	53,60
3 ρ 303. 32. 13	303. 40. 50	51,81
304. 05. 38	304. 13. 25	46,78
305. 35. 35	305. 44. 35	53,84
υ 306. 18. 35	306. 27. 10	51,60
A 312. 58. 25	313. 07. 30	53,50
312. 57. 45	313. 06. 25	52,08
317. 20. 15	317. 28. 52½	51,75
320. 01. 20	320. 11. 30	50,79
avant γ 320. 52. 07	321. 00. 45	51,86
1 d 321. 50. 45	321. 59. 05	49,96
2 d 321. 12. 40	322. 21. 00	49,97
3 d 322. 26. 40	322. 35. 00	49,98

NOMS des SIGNES DU ZODIAQUE.	ASCENSION droite MOYENNE.	Mouvem.ᵗ annuel.	NOMS des SIGNES DU ZODIAQUE.	ASCENSION droite MOYENNE.	Mouvem.ᵗ annuel.
Suite du Sagittaire.	1750.		*Le Verseau.*	1750.	
279^d 04′ 20″	279^d 13′ 40″	56,″00	324. 21. 03	324^d 09′ 15″	49″,21
279. 42. 47	279. 51. 50	54,20	325. 02. 35	325. 10. 50	49,47
280. 41. 15	280. 50. 17	54,25	327. 02. 25	327. 10. 40	49,50
281. 29. 00	281. 38. 05	54,51	328. 39. 35	328. 47. 45	49,90
282. 41. 43	282. 50. 20	51,75	*e* 329. 10. 05	329. 18. 10	48,53
284. 18. 00	284. 27. 17½	55,75	329. 42. 17	329. 50. 15	47,77
ı *d* 285. 36. 15	285. 45. 05	52,95	329. 58. 07	330. 06. 30	50,27
286. 15. 13	286. 24. 15	54,27	330. 42. 20	330. 50. 25	48,62
h 290. 03. 15	290. 12. 25	55,09	332. 35. 15	332. 43. 15	48,00
ı *h* 290. 13. 00	290. 22. 10	55,09	*f* 333. 06. 05	333. 14. 15	49,05
f 292. 48. 40	292. 57. 35	53,60	*e* 334. 12. 55	334. 20. 55	49,01
Suivante 294. 17. 07	294. 26. 00	53,32	334. 28. 20	334. 36. 20	48,01
299. 46. 10	299. 55. 25	55,50	336. 51. 25	337. 02. 25	48,02
			337. 11. 00	337. 19. 00	48,02
			340. 56. 10	341. 04. 10	48,03
L'Eau du Verseau.	1750.		*Les Poissons.*	1750.	
339. 56. 03	340. 04. 00	47,74	347. 24. 20	347. 32. 00	46,07
341. 28. 10	341. 36. 10	48,76	347. 32. 27	347. 40. 10	46,25
342. 58. 15	343. 06. 05	46,89	*e* 348. 42. 00	348. 49. 45	46,60
343. 36. 23	343. 44. 20	47,77	349. 02. 05	349. 09. 50	46,30
345. 16. 10	345. 24. 15	49,12	349. 02. 40	349. 10. 20	46,32
345. 32. 35	345. 40. 30	47,76	349. 39. 15	349. 46. 55	46,35
347. 34. 52	347. 42. 43	47,13	350. 11. 35	350. 19. 25	46,35
349. 24. 03	349. 31. 50	46,66	350. 33. 00	350. 40. 40	46,09
354. 12. 03	354. 19. 40	45,77	350. 47. 00	350. 54. 40	46,05
360. 16. 35	360. 24. 15	46,16	352. 00. 05	352. 07. 45	46,12
360. 17. 30	360. 25. 10	46,16	352. 14. 42	352. 22. 27½	46,45

Pour connoître le mouvement annuel des Étoiles en ascension droite & qui répond à la précession moyenne des Équinoxes en longitude de 50 ⅓ secondes, on s'est servi des formules connues, en faisant varier l'angle au Pôle de l'écliptique, de la quantité qu'on vient d'indiquer, & supposant connus les deux côtés qui comprennent cet angle constant; ce qui nous indique la variation de l'autre angle opposé au cosinus de la latitude & qui doit avoir lieu au pôle boréal pour la variation requise en ascension droite; de cette manière il sera facile de rectifier celles qu'on n'a déduites au III.ᵉ livre que du Catalogue de Flamsteed, à la réserve de quelques-unes qui ont été marquées par un astérique.

Il se trouve encore sur mes Registres beaucoup d'autres Étoiles zodiacales que j'ai comparées depuis l'année 1755 avec celles qui sont connues, & cela avec plus de facilité avec la lunette de 7 pieds & demi du quart-de-cercle mural nouveau, qu'avec celle de l'ancien qui est 2 pieds & demi plus courte. Le Catalogue général de ces Étoiles zodiacales paroîtra aussitôt qu'on aura placé ces Étoiles sur la planche du nouveau Zodiaque, gravée en 1755; on s'étoit proposé pour lors de n'y insérer que les Étoiles publiées jusqu'alors dans les Catalogues, mais on a toujours eu dessein d'y insérer par la suite les nouvelles Étoiles zodiacales.

J'infifterai encore ici fur quelques comparaifons que j'ai faites en 1745 & 1746 des Étoiles de la 1.re grandeur aux deux quarts-de-cercles mobile & mural; j'ai réduit ces déclinaifons au 1.er Janvier 1750.

Au Quart-de-cercle mobile.

α du Bélier ..	22ᵈ 16′ 25″	
n des Pléiades	23. 19. 05	
α de la Chèvre	45. 42. 50	
Sirius	16. 23. 00	16ᵈ 23′ 10″.
Procyon	5. 51. 10	5. 51. 02 ½
Régulus	13. 10. 55	13. 11. 02 ½
l'Épi de la Vierge	9. 50. 30	
Arcturus.	20. 30. 10	20. 30. 05.
Antarès	25. 50. 35	25. 50. 55.
α de la Lyre ..	38. 34. 07½ ou 10	38. 34. 15.
α de l'Aigle ..	8. 13. 55	8. 13. 45.
Phomalhaut ..	30. 55. 50	30. 56. 07½.

Si l'on réduit actuellement les déclinaifons d'Arcturus par fon mouvement annuel connu, de 20 fecondes en déclinaifon, on auroit au quart-de-cercle mobile 20ᵈ 29′ 57″ pour le 1.er Janvier 1750, & par conféquent au quart-de-cercle mural de 5 pieds, 20ᵈ 30′ 02″: les autres Étoiles auront befoin d'une réduction femblable, mais un peu moins fenfible que celle d'Arcturus, celle-ci excédant chaque année de 2 fecondes le mouvement annuel en déclinaifon attribué à la moyenne préceffion de l'équinoxe.

En Février 1745, par des comparaifons faites au méridien de la Planète de Vénus, j'ai trouvé vers 44 degrés, que le quart-de-cercle mobile donnoit les déclinaifons plus petites de 15 fecondes que le mural de 5 pieds; mais il eft toujours fort difficile de faire exactement ces fortes de comparaifons, ainfi qu'on peut s'en éclaircir ci-après, *page 3,* où il eft queftion de celles qui furent faites antérieurement après le folftice d'été 1743.

Dans la Tour de mon nouvel Obfervatoire, le quart-de-cercle mobile, à compter depuis 1760, fera déformais fur un pilier en pierre & ifolé, autour duquel agit librement l'Obfervateur placé fur un faux plancher de charpente & où l'on a laiffé jufqu'au pilier un intervalle ou cadre vide d'environ 2 pouces.

ÉTAT DU QUART-DE-CERCLE MURAL

Placé dans une situation horizontale, peu de temps avant son départ de Londres,
le 9 Novembre 1742, extrait d'une Lettre du Docteur Bevis.

NOUS avons examiné les divisions du quart-de-cercle en présence du Président
& de quelques Membres de la Société royale, qui s'étoient rendus chez
l'ouvrier ou fabricateur d'instrumens, lorsque toutes choses furent préparées pour
cet examen, & nous avons trouvé sur l'arc intérieur de 90 degrés, ce qui suit.

I. Le compas à verge appliqué par une de ses pointes sur le centre, a décrit
exactement par son autre pointe, la circonférence tracée sur le limbe, sans que
l'on y remarquât la plus petite différence sensible.

II. Le rayon, vérifié ci-dessus, étant appliqué sur 90 degrés, & en rétrogradant
vers 30 degrés, a paru tomber parfaitement sur ce dernier point; mais ce rayon
porté de 15 à 75 degrés, paroissoit moins long que la distance des traits des divisions gravés sur le limbe, de l'épaisseur de l'un de ces traits, ou de $7''\frac{1}{2}$.

III. Une autre ouverture de compas portée de 0 degrés à 36 degrés, a paru
égale à l'autre arc gravé de 36 deg. à 72 degrés; mais en rétrogradant de 90 deg.
à 54 degrés, l'ouverture de ce compas a paru en excès de l'épaisseur d'un des traits
gravés, ou de $7''\frac{1}{2}$.

IV. L'arc de 0 degrés à 55 degrés, porté de 40 degrés à 75 degrés, excédoit
ce dernier d'un peu moins que l'épaisseur du trait gravé sur le limbe, c'est-à-dire
de 5 secondes au moins.

Semblablement la même ouverture portée de 45 degrés à 80 degrés, excédoit
ce dernier arc de deux fois l'épaisseur du trait gravé, ou de 15 secondes.

En rétrogradant de 90 degrés à 55 degrés, le même intervalle excédoit encore
celui-ci de deux fois l'épaisseur du trait gravé, & de 85 deg. à 50 degrés; l'excès
étoit au moins de deux fois l'épaisseur du trait gravé sur le limbe, ou de 15 sec.

Ces dernières différences sont les plus grandes qu'il ait été possible d'y apercevoir,
en ce que la même ouverture appliquée de 60 degrés à 25 degrés, n'excédoit l'arc
gravé que de la moitié de l'épaisseur du trait, & que de 15 degrés à 50 degrés,
l'on n'a pû apercevoir aucune différence, c'est-à-dire que ce dernier arc étoit égal
à l'ouverture du compas précisément.

AUTRES VÉRIFICATIONS, lorsqu'on a comparé en France, pendant l'été de
l'année 1743, les distances au zénit observées aux quarts-de-cercles mobile & mural.

ÉTAT DES INSTRUMENS AU SOLSTICE D'ÉTÉ.

DEPUIS environ cinq ans, l'on prenoit les hauteurs au quart-de-cercle mobile,
proche le premier fil vertical, c'est-à-dire, lorsque l'Étoile avoit parcouru déjà un
tiers ou tant soit peu plus du quart du champ de la lunette fixe de ce quart-de-
cercle. En 1738, lorsque le plan du limbe étoit à-plomb sur la Méridienne tracée
sur mon balcon, je remarquai que l'épaisseur de la boîte du micromètre avoit été
l'unique cause du défaut de parallélisme. L'ouvrier qui nous les construisoit à Paris,
fut d'abord très-mal dirigé en 1730 & 1733 : comme nous le trouvames fort indo-
cile, ce ne fut pas sans beaucoup de peines que nous parvinmes à obtenir de lui
en 1740, de centrer une lunette. M. le Camus la lui fit enchâsser dans des cadres
égaux, afin de l'appliquer sur tous les sens, soit sur les limbes, soit sur des règles

que l'on plaçoit fur la platine du centre & fur le 90ᵉ degré de hauteur, d'un quart-de-cercle mobile.

Par-là on voyoit fi la lunette d'épreuve & la lunette fixe d'un quart-de-cercle étoient parallèles, ce qui s'exécutoit en les pointant vers un objet fitué dans l'horizon à une diftance de deux à trois lieues. Quand les deux lunettes pointoient en pareil cas fur un même objet, pour lors elles étoient cenfées parallèles. La lunette du quart-de-cercle de M. Picard* que j'ai entre les mains, n'avoit pas cet inconvénient: elle étoit centrée, & les deux cadres qui l'enchâffent étant égaux, celui de la platine du centre, & l'autre cadre ou chaffis qui l'embraffe vers le 90ᵉ degré du limbe, l'ont dû fixer à la même diftance du plan du limbe.

C'eft donc à la boîte du micromètre, plus épaiffe que le cadre ou chaffis du centre, qu'il a fallu attribuer l'unique caufe de la mal-adreffe du feul ouvrier qui conftruifoit nos quarts-de-cercles depuis 1730. Si ceux qui les premiers en firent conftruire, & qui dûrent s'apercevoir d'une auffi grande imperfection, la négligèrent, n'en prévoyant pas les conféquences, il ne me fut pas poffible d'y remédier, quoique j'y infiftaffe & que l'inftrument eût été fait à mes dépens; d'autant que ceux qui furent conftruits prefqu'en même temps pour les voyages du Pérou & de Lapponie, avoient participé au même inconvénient.

Dans le voyage du Nord j'eus foin de mettre toûjours le limbe du quart-de-cercle à-plomb fur la ligne méridienne, & fur-tout lorfqu'il fut queftion d'obferver des hauteurs d'Étoiles voifines du zénit.

Au refte, s'il y a eu quelqu'indocilité à reprocher ici au fabricateur d'inftrumens, dont on fe fervoit à Paris, l'on pourroit encore infifter avec quelque fondement fur celle qu'apporta à la conftruction du quart-de-cercle mural le fabricateur de Londres. A la vérité l'on y avoit évité, de même qu'à celui de M. Halley (conftruit en 1725) fix défauts effentiels qu'on voit non feulement fur les anciens muraux, mais encore fur ceux qui ont été conftruits ici en 1730 & 1733; on y avoit, dis-je, évité 1.° le mélange des deux métaux, ce quart-de-cercle mural étant tout d'une même matière homogène, c'eft-à-dire, compofé de lames de cuivre paffées au laminoir.

2.° Il n'étoit fixé abfolument que fur un feul point, ayant toute la liberté de fe dilater du froid au chaud, parce qu'il n'étoit que fupporté & contenu dans tous les autres points, relativement au plan du Méridien.

3.° La lunette fervant d'alidade étoit parallèle au limbe, & pouvoit fe vérifier au zénit par le retournement du quart-de-cercle, autour d'un mur ifolé bâti fur la Méridienne.

4.° La lunette ou alidade garnie de règles par fes extrémités, pouvoit être centrée par le renverfement, le réticule placé au foyer de l'objectif étant mobile dans les deux fens, à l'aide de deux chaffis, garnis d'écrous, que faifoient mouvoir deux vis immobiles: ainfi l'on étoit en état de mettre la ligne tirée du centre au o degré ou premier point de la divifion de l'arc de Vernier, parallèlement au rayon principal de la lunette.

5.° Le deuxième fupport du quart-de-cercle étoit mobile, & le fil-à-plomb tombant parallèlement à la ligne tirée du centre de l'inftrument fur le o degré du limbe, pouvoit fervir à vérifier & rétablir à chaque inftant le quart-de-cercle, & faire difparoître bien des variations, fans cela inévitables, dans les diftances au zénit obfervées.

6.° Enfin l'arc de Vernier qui occupoit fur le limbe l'étendue d'un degré & trois quarts, c'eft-à-dire, qui répondoit à vingt-une divifions de cinq en cinq minutes,

---

* Cette lunette n'eft pas placée derrière le limbe, parallèlement au plan du quart-de-cercle, comme cela fe voit fur ceux qu'on nous fabrique aujourd'hui, mais au contraire immédiatement fur le limbe & fur la platine du centre.

servoit sur ce quart-de-cercle à vérifier successivement si les intervalles de ces traits de divisions étoient de pareille grandeur.

Une autre division extérieure faite par la bissection, d'abord en 96 parties répondant à 90 degrés, étoit vérifiée pareillement par l'autre bord extérieur de l'arc de Vernier, & servoit de confirmation à la division ordinaire ou intérieure gravée sur le même limbe.

Malgré tant d'avantages, il restoit plus d'un vice, qu'on remarqua d'abord sur cet instrument mural, quoiqu'on ne puisse disconvenir que le fabricateur de Londres ne fût plus intelligent, mieux instruit ou mieux dirigé que le nôtre.

I. L'alidade malgré ses roulettes ne posoit pas par-tout également sur le limbe, & le frottement de l'arc de Vernier, quoique léger, usoit ce limbe inégalement.

II. La matière qui en formoit, pour ainsi dire, la charpente, étoit trop foible; il eût fallu donner plus d'épaisseur & de solidité aux règles de cuivre: enfin la platine du centre étoit si foible que le 28 Septembre au matin, ayant été subitement heurtée ou comprimée, tout l'instrument se trouva changé; ce fut par un accident imprévû.

III. On remarqua au solstice d'été 1743, que le prétendu fil horizontal de l'alidade ne pouvoit se restituer selon la tangente au parallèle du Soleil; car cet astre employant environ 4 minutes à traverser la lunette, on trouvoit sa hauteur plus petite de 0^d $0'$ $45''$ à son entrée qu'à sa sortie.

Ces circonstances réunies doivent faire juger de la difficulté qui s'est rencontrée dans les comparaisons que l'on a réitérées & tenté de faire des deux quarts-de-cercles sur différentes Étoiles.

La plus petite distance du bord supérieur du Soleil au solstice d'été étant déduite des meilleures observations, & corrigée à raison de $15''$ à $17''\frac{1}{2}$ d'erreur sur l'arc entier du quart-de-cercle mobile, a paru de 25^d $07'$ $14''$. Le quart-de-cercle mural donnoit alors 25^d $07'$ $12''\frac{1}{2}$ à $15''$ & à la même hauteur par ⁏ des *Pléiades*, différence ─ $7''\frac{1}{2}$, la correction au zénit ayant été trouvée (si on veut l'adopter) en Août & Septembre de $10''$ à ce quart-de-cercle mural. Par *Arcturus* à $\begin{Bmatrix} 28^d & 19' & 27''\frac{1}{2} \\ 28. & 19. & 32\frac{1}{2} \end{Bmatrix}$

différ. ─ $5''$, dont le quart-de-cercle mural a donné l'Étoile plus loin du zénit. Le 25 Juillet la différence n'a été trouvée que de 10 secondes tout au plus.

L'Étoile de *Vénus* $\begin{Bmatrix} 42^d & 36' & 51''\frac{1}{2} \\ 42. & 36. & 50 \end{Bmatrix}$ le 25 Juillet. *Procyon* $\begin{Bmatrix} 42^d & 59' & 12'' \text{ ou } 15'' \\ 42. & 59. & 05 \end{Bmatrix}$ les 9 & 24 Septembre.

γ de la *Balance* à $\begin{Bmatrix} 62^d & 45' & 11''\frac{1}{2} \\ 62. & 44. & 50 \end{Bmatrix}$ différence ─ $21''\frac{1}{2}$.

Antares le 4 Août $\begin{Bmatrix} 74^d & 38' & 56'' \\ 74. & 32. & 35 \end{Bmatrix}$ différence ─ $21''$.

Sirius les 12 & 13 Août $\begin{Bmatrix} 65^d & 12' & 52''\frac{1}{2} \\ 65. & 12. & 33 \end{Bmatrix}$ différence ─ $20''$.

α de la *Chèvre* le 14 Août $\begin{Bmatrix} 3^d & 09' & 52''\frac{1}{2} \\ 3. & 09. & 47\frac{1}{2} \end{Bmatrix}$ différence ─ $5''$.

Dans les grandes distances des Étoiles au zénit, telles que sont celles de *Sirius*, γ de la *Balance* & *Antares*, le quart-de-cercle mobile a dû donner ces distances 10 à 15 secondes trop grandes, à cause du ressort que conservent encore sensiblement les planchers pavés en pierre; lequel ressort a été de telle nature, que le fil-à-plomb ne répondoit plus précisément sur les mêmes divisions, lorsqu'on le regardoit, & qu'ensuite le poids de l'Observateur se transportoit à l'extrémité de la lunette ou pinnule oculaire. L'expérience n'a que trop justifié ces défauts dans tous les temps, m'en étant d'abord aperçû, sans y pouvoir remédier, sur mon balcon en 1738, & en 1741 sur la grande voûte à l'Observatoire royal. Je n'y ai trouvé d'autre remède que d'y avoir égard quand on est seul, puisque ce défaut s'évanouit lorsque la distance au zénit se prend, en pareil cas, à l'aide de deux Observateurs immobiles, l'un vis-à-vis la division où tombe le fil-à-plomb, & l'autre à la lunette. On a eu cette dernière attention si essentielle toutes les fois qu'il a fallu vérifier ce quart-de-cercle mobile par le renversement, ou bien, dans les voyages, sur de mauvais planchers. Il y a aussi telle position où l'Observateur assis sur son fauteuil peut voir sans changer de place, soit dans la lunette, soit à la division du limbe : mais cette facilité n'a lieu que depuis le zénit jusqu'au 45° degré.

Toutes ces considérations montrent assez que les divisions des deux quarts-de-cercles s'accordoient à très-peu de chose près dans toute l'étendue des 90 degrés, c'est-à-dire, en y faisant les réductions nécessaires.

Mais il est arrivé que par le choc imprévû de la platine du centre au quart-de-cercle mural, l'arc tracé ne convenoit plus avec celui que décrivoit l'arc de Vernier: celui-ci s'en écartoit sur-tout vers le 45° degré, & ce n'a été qu'en l'année 1751, & à son retour de Berlin, qu'on a vérifié soigneusement avec le compas ces différens écarts & les erreurs des divisions du limbe. Pour en rendre compte en ces années-là, il faudra entrer dans de nouveaux détails qu'on peut prévenir ici en comparant les résultats des deux quarts-de-cercle; ou bien ceux de l'été suivant à celui dont il vient d'être question, c'est-à-dire, les variations arrivées à un seul & même instrument pendant les deux étés consécutifs des années 1743 & 1744.

On donnera ci-après les distances au zénit sur le quart-de-cercle mural, réduites uniquement par la correction trouvée au zénit, sans avoir égard aux erreurs des divisions; mais l'on aura soin de ne plus donner desormais, ainsi rectifiées, celles qui auront été prises avec le quart-de-cercle mobile, mais doublement corrigées comme celles que l'on vient de rapporter tout-à-l'heure, afin que l'on y puisse au premier coup d'œil apercevoir les différences, & sur-tout dans les grandes hauteurs.

OBSERVATIONS
DE
LA LUNE, DU SOLEIL, ET DES ÉTOILES FIXES,
Faites à Paris au nord du jardin des Capucins & des Tuileries.

ANNÉE 1743. OCTOB.	TEMPS de la PENDULE.	TEMPS VRAI ou APPARENT.	ANNÉE M. DCCXLIII.	DISTANCES AU ZÉNIT observées.	DISTANCES AU ZÉNIT corrigées.	ASCENSION DROITE du bord de la LUNE.
	H. M. S.	*H. M. S.*		*D. M. Part. Microm.*	*D. M. S.*	*D. M. S.*
Le 24 au soir.	4. 30. 38½	. . . .	Passage de α de la *Lyre*	10. 18. 20 . . .	10. 17. 50	
	5. 34. 32	5. 37. 13½	Pass. du 1er bord de la *Lune.* A 5h 34'½ bord inf.	76. 43. 50	76. 43. 20	
	5. 35. 50	. . . .	Au quart-de-cercle mobile 13d 20' — 131 . . .	. . . .	76. 43. 27½	
			A 7h 10' Diam.	30Révol. 36 . . .	. . . 29. 32½	
			Le mural parfaitement à-plomb depuis le 15 Octobre.	*Corrigé par la réfract.*	. . . 29. 47½	
	6. 14. 47⅔	. . . .	Passage de π du *Capricorne*	67. 51. 37½ . .	67. 51. 07½	
	6. 16. 23	. . . .	La plus vive ρ double & quadruple	67. 28. 10 . . .	67. 27. 40	
	6. 28. 01	. . . .	Celle qui précède χ la boréale des deux.	73. 30. 05	73. 29. 35	
	6. 32. 58	. . . .	ψ	74. 59. 00 . . .	74. 58. 30	
	6. 38. 33½	. . . .	ω	76. 39. 37½ . . .	76. 39. 07½	293. 03. 50
Le 25 au matin. au soir.	11. 56. 08½	. . . .	Passage du 1er bord } 2d bord } du *Soleil.*			
	11. 58. 20¼	. . . .				
	4. 26. 42⅓	. . . .	Passage de α de la *Lyre*	10. 08. 22½	10. 17. 52½	
	5. 52. 17	. . . .	Passage de l'informe	64. 35. 00 . .	64. 34. 30	
	5. 56. 01½	. . . .	La précédente ξ. A 5h½ diam. de la *Lune.*	31Révol. 04	. . . 29. 45	
	5. 56. 24½	. . . .	La suivante des deux ξ du *Capricorne*	62. 11. 07½ . .	62. 10. 37½	
	6. 00. 25½	. . . .	Celle qui précède α.	61. 56. 22½ . .	61. 55. 52½	
	6. 01. 41	. . . .	La boréale des deux α du *Capricorne.*			
	6. 03. 04¼	. . . .	La suivante & australe	62. 09. 25	62. 08. 55	
	6. 04. 49½	. . . .	Passage de β.	64. 24. 30. . . .	64. 24. 0	
	6. 24. 07¼	6. 26. 58	Pass. du 1er bord de la *Lune.* A 6h 24'½ bord inf.	74. 31. 20	74. 30. 50	
	6. 29. 01	. . . .	Passage de ψ à 75d. 6h 26' au q.-de-c. mob.	15. 30 — 43½	74. 31. 07½	306. 29. 15
	6. 32. 10½	. . . .	Une autre de la 6e à 7e grandeur à	75. 30. 50. . . .	75. 30. 20	
	6. 34. 36½	. . . .	Passage de ω à 76d⅔.			
Le 30 au soir.	11. 55. 38	. . . .	Passage du 1er bord } 2d bord } du *Soleil.* 10h½ diam. de la ☾	33Révol. 18½	. . . 32. 00	
	11. 57. 51½	. . . .				
	10. 12. 08½	10. 15. 29	Pass. du 1er bord de la *Lune.* A 10h 12'⅔ bord inf.	49. 00. 00 . . .	48. 59. 30	
	10. 22. 13¾	. . . .	Étoiles sous *e* du *Lien.* . 6.e grandeur. . . .	48. 27. 30 . . .	48. 27. 00	
	10. 28. 20¼	. . . .	4.e à 5.e grandeur. . . .	48. 51. 45. . . .	48. 51. 15	
	10. 30. 16	. . . .	La suivante des deux de l'orientale *e* du *Lien* . . .	45. 19. 00	45. 18. 30	8. 35. 40
NOVEMB. Le 1 au soir.	11. 56. 16¼	. . . .	Midi non corrigé, le bord supérieur ayant paru haut de 26d à 11h 4' 52"½ & à 12h 47' 40".			
	11. 57. 42	Le 2 bord au mur.		{ 49. 20. + 59	40. 38. 20	34. 59. 40
	5. 08. 50¼	. . . .	Passage de α de l'*Aigle*	{ 40. 38. 40 . . .	40. 38. 10	☾ ♂ Centre.
	11. 48. 17⅔	11. 51. 47	Passage du 1er bord } 2d bord } de la *Lune.* { bord supér. { 11h 50'¼ inf.	35. 25. 00. . . .	35. 24. 30	34. 58. 55
	11. 50. 36	11. 54. 05⅓		35. 57. 30. . . .	35. 57. 00	
	11. 50. 20	. . . .	Au quart-de-cercle mobile 54d 30' + 206Part.			
		15. 17. 40	Milieu de l'Éclipse de ☾ réd. à Paris. Diam.	34Révol. 11	. . . 32. 45	
Le 2 Le 3	11. 55. 22¾	. . . .	Passage du 1er bord du *Soleil.*	*A Bologne.* Durée dans l'ombre.	*A Venise.*	
	11. 55. 19	. . . .	Passage du 1er bord } 2d bord } du *Soleil* à 63d⅞ . . . . . {	1h 38'½	1h 40'⅓.	
	11. 57. 33½	. . . .		{ 3. 40⅝	3. 44.	
			Hauteurs correspondantes du bord supér. du *Soleil.*			
	Midi non corrigé. 11. 56. 07½	*Correct. additive.* + 0. 17	*au matin.* 10h 03' 17" . . . 21d 40' 30" . . 1h 48' 58" *au soir.*			
	11. 56. 06½	. . . .	10. 04. 22¼ . . . + 200 . . . 1. 47. 50½			
	11. 56. 24	. . . .	Midi vrai . . . 2"¼ plus tôt qu'à l'instrument.			
Le 5 au matin.	2. 45. 23¼	2. 49. 04½	Pass. du 2d bord de la *Lune.* A 2h 46' bord inf.	22. 38. 45 . . .	22. 38. 15	82. 06. 05
	6. 31. 11¼	. . . .	α de l'*Hydre*	56. 24. 12¼ . . .	56. 23. 42½	
	7. 10. 53¾	. . . .	Passage de *Regulus.*			

198e Lunaison.

ANNÉE 1743. NOVEMB.	TEMPS de la PENDULE.	TEMPS VRAI ou APPARENT.	ANNÉE M. DCCXLIII.	DISTANCES AU ZÉNIT observées.	DISTANCES AU ZÉNIT corrigées.	ASCENSION DROITE du bord de la LUNE.
	H. M. S.	H. M. S.		D. M. Part. Microm.	D. M. S.	D. M. S.
Le 5 au matin.	6.47.33¼	. . . .	ε du Lion	23.55.30 . . .	23.55.00	82.05.50
	6.54.24½	. . . .	μ.	21.40.00 . . .	21.39.30	
	8.35.45	8.39.27½	*Mercure* entamoit le *Soleil* au nadir du difque.			
	10.42.30	10.46.12½	Diftance de *Mercure* au bord le plus proche. . .	7 Révol. 16½ . . .	0.07.05,3	
			La plus grande mefurée plufieurs fois 7′ 25″ ou	7. 30 . . .	0.07.21	
	11.05.00	11.08.42	. . . .	7. 17½ . . .	0.07.06,7	
	11.55.14½	. . . .	Paffage du 1ᵉʳ bord } Mercure. } du Soleil. { Centre ☿	64.35.45 . . .	64.35.15	
	11.55.41½	. . . .				
	11.57.28¼	. . . .	2ᵈ bord } { bord inf.	64.46.22½ . . .	64.45.52½	
			25ᵈ20′ + 167½ = 25ᵈ24′ 25″ ☿ q.-de-c. mob.	. . . .	64.35.31½	
			25.20 — 245½ = 24.13 32½ bord inférieur.	. . . .	64.46.24	
au foir.	11.56.18	. . . .	Midi vrai par 3 haut. correfp. du *Soleil* à 19ᵈ, &c.			
	1.08.25	1.12.07	Sortie totale de ☿ en 2′ 17″½ . . . Lun. de 15 pieds.			
Le 8 au matin.	5.52.51¼	5.56.33	Paff. du 2ᵈ bord de la Lune. 5ʰ 51′½ bord inf.	26.08.45 . . .	26.08.15	
	6.06.27½	. . . .	La moyenne & la plus vive des trois	29.00.00 . . .	28.59.30	
	6.35.36⅓	. . . .	Paffage de ε du Lion. Diam.	34 Révol. 10 . . .	. . . 32.45	132.05.30
	6.58.56¼	. . . .	Paffage de *Regulus*	35.39.10 . . .	35.38.40	
	11.55.14::	. . . .	Paffage du 1ᵉʳ bord } du Soleil. bord fupér.	65.07.50 . . .	65.07.20	
	11.57.30⅔	. . . .	2ᵈ bord }			
Le 9 au matin.	6.31.38½	. . . .	Paffage de ε du Lion	23.55.30 . . .	23.55.00	146.51.35
	6.38.30½	. . . .	μ	21.40.00 . . .	21.39.30	
	6.47.48¾	6.51.26	Paff. du 2ᵈ bord de la Lune. 6ʰ 46′½ bord inf.	30.42.05 . . .	30.41.35	
	6.54.59⅓	. . . .	*Regulus*	35.39.10 . . .	35.38.40	146.51.57½
			A 6ʰ 15′ Diam.	33 Révol. 32 . . .	. . . 32.20	
Le 10 au matin.	7.38.09	7.41.43	Paff. du 2ᵈ bord de la Lune. 7ʰ 37′ bord inf.	36.14.20 . . .	36.13.50	
			A 7ʰ 37′⅙ au quart-de-cercle mobile.	53.50 — 150	36.13.47½	160.28.37½
Le 11 au matin.	6.30.35	. . . .	Paffage de μ du Lion	21.40.00 . . .	21.39.30	
	6.47.0½	. . . .	*Regulus*	35.39.10 . . .	35.38.40	158.09.22½
	8.24.55¼	8.28.26	Paff. du 2ᵈ bord de la Lune. 7ʰ 25′½ bord inf.	42.20.30 . . .	42.20.00	
	10.55.41⅓	. . . .	*Arcturus.* A 7ʰ 15′ Diam.	33 Révol. 00 . . .	. . . 31.32½	158.09.05½
	11.55.27½	. . . .	Paffage du 1ᵉʳ bord } *Arcturus.*	28.20.07½ . . .	28.19.37½	
	11.57.43⅓	. . . .	2ᵈ bord } du Soleil.			
Le 20 au foir. *(199ᵉ Lunaifon.)*	11.57.58	. . . .	Midi vrai par trois hauteurs correfpond. à 15ᵈ¾.			
	3.26.11½	3.28.11½	Paffage du 1ᵉʳ bord de la Lune. le centre.	76.57.00 . . .	76.56.30	287.43.15
	3.53.25⅔	. . . .	α de l'Aigle : le 19 à 3ʰ 57′ 22″⅔.	. . . .	. . . .	287.44.40
Le 21 au foir.	3.49.30¼	. . . .	Paffage de α de l'Aigle.	40.38.45 . . .	40.38.15	301.15.25
			Au quart-de-cercle mobile.	49.20 + 57½	40.38.25	
	4.16.10⅔	4.17.54	Paffage du 1ᵉʳ bord de la Lune. bord inf.	75.30.15 . . .	75.29.45	
	4.43.40½	. . . .	α de la *queue du Cygne*	4.29.50 . . .	4.29.20	
		5.07.30	A 14ᵈ de hauteur occident. Diam. de la Lune.	30 Révol. 34 . . .	. . . 29.30	
	5.19.15	. . . .	Paffage de la précédente & la plus vive	72.34.00:: . . .	74.33.30	
	5.20.15::	. . . .	La fuivante.	72.39.00:: . . .	72.38.30	
	5.22.57⅓	. . . .	ζ du *Capricorne*.	72.19.30 . . .	72.19.00	301.15.25
	5.25.02½	. . . .	b	71.43.50 . . .	71.43.20	
	5.28.41	. . . .		74.31.00 . . .	74.30.30	
	5.31.22½	. . . .	La précédente & la plus vive des deux Étoiles.	70.01.15 . . .	70.00.45	
	5.36.49⅔	. . . .	γ.	66.38.20 . . .	66.37.50	
	5.43.48½	. . . .	δ.	66.06.37½ . . .	66.06.07½	
	6.54.07	. . . .	Paffage de *Phomalhaut*.	79.45.25 . . .	79.44.55	
Le 23 au foir.	5.15.08¼	. . . .	Paffage de ζ du *Capricorne*	72.19.35 . . .	72.19.05	326.48.12½
	5.50.18	5.51.25	Paff. du 1ᵉʳ bord de la Lune. 5ʰ 50′¼ bord inf.	68.37.45 . . .	68.37.15	par ε du *Capricorne*
	5.51.40	. . . .	Le bord inférieur 45″ plus bas. Diam.	31 Révol. 17½ . . .	. . . 30.01½	326.47.52½
Le 24 au foir.	5.21.55¼	. . . .	Paffage de ε du *Capricorne*	69.25.40 . . .	69.25.10	
	5.23.37½	. . . .	Étoile de la fixième grandeur	69.35.30 . . .	69.35.00	
	5.26.37	. . . .	cinquième à fixième	69.47.15 . . .	69.46.45	
	5.28.04¼	. . . .	cinquième	69.36.25 . . .	69.35.55	
	5.32.05	. . . .	δ du *Capricorne* double	66.06.45 . . .	66.06.15	
	5.51.44¼	. . . .	Paffage de ι du *Verseau*	63.56.30 . . .	63.56.00	338.53.17½

Année 1743. Novemb.	Temps de la Pendule.	Temps vrai ou apparent.	Année M. DCCXLIIJ.	Distances au Zénit observées.	Distances au Zénit corrigées.	Ascension droite du bord de la Lune.
	H. M. S.	H. M. S.		D. M. Part. Microm.	D. M. S.	D. M. S.
Le 24 au soir.	6.33.08¼	....	La première τ	63.14.20	63.13.50	
	6.34.37¼	6.35.26	1ᵉʳ bord de la Lune	63.47.20	63.46.50	
	6.35.02½	....	La deuxième τ.　Diamètre.	31 Révol. 33	...30.25	338.53.32½
	6.37.00	....	L'Étoile avoit même déclin. que le bord de la ☾.			
	6.42.23½	....	Passage de *Phomalhaut*.	79.45.27½	79.44.57½	
Le 25	Midi non corrigé.	Correct. additive.	Hauteurs correspondantes du bord supér. du *Soleil*.	Au Mural. au lieu de 30″ ôtez 35.		
			au matin.　　　　　au soir.			
	11.59.12¾	+ 0.12¾	10ʰ 16′ 10″ ... 17ᵈ 00′ 00″... 1ʰ 42′ 14″¼			
	11.59.12¼	....	10.16.49½ ...　　+101 ... 1.41.35½			
	11.59.12¾	....	10.18.34¼ ... 17.10.00 ... 1.39.51			
	11.59.11⅝	....	10.19.13½ ...　　+101 ... 1.39.09½			
	11.59.25	....	Midi vrai.			
au soir.	1.33.51⅓	....	Passage de α de l'*Aigle*	40.38.50	40.38.20	
	4.28.01	....	α du *Cygne*. Au quart-de-cercle mob.	49.20 + 55	40.38.25	
	5.03.36½	....		72.34.00	74.33.30	
	5.07.19	....	ζ du *Capricorne*	72.19.37½	72.19.07½	
	5.08.00	....	La moins vive des quatre Étoiles b	71.06.50	71.06.20	
	5.09.23½	....	La plus vive.	71.43.47½	71.43.17½	
	5.15.43½	....	La plus vive de deux Étoiles.	70.02.15	70.01.45	
	5.23.36½	....	x	68.51.00∷	68.50.30	
	6.31.07¼	....	La deuxième τ du *Verseau*.	63.46.40	63.46.10	
	6.36.08⅓	....	La précédente δ	66.00.45	66.00.15	
	6.38.28⅔	....	*Phomalhaut*　　　Diam. de la *Lune*.	32 Révol 12½	...30.55	
	7.00.40⅔	....	La troisième ψ dans l'*Eau*.	59.51.00	59.50.30	350.43.47½
	7.05.31	....	La troisième & boréale des informes.　6.ᵉ grand.	58.42.25	58.41.55	
	7.17.56¼	7.18.25⅓	Paff. du 1ᵉʳ bord de la *Lune*.　7ʰ 19′½ bord inf.	58.13.35	58.13.05	
Le 26 au soir.	9.56.33¼	....	Paff. d'*Arcturus*.　La pendule remise en mouvement.	28.20.17½	28.19.42½	2.35.20
	3.29.33	....	α de l'*Aigle*	40.38.45	40.38.10	
	4.23.43½	....	α du *Cygne*.	4.29.50	au zénit + 40	
			Au quart-de-cercle mobile à 4ʰ 23′⅓.	94.30 — 35	+ 10	
	4.59.18¼	....	La précédente	72.34.00	72.33.20	
	5.03.01	....	Passage de ζ du *Capricorne*	72.19.37½	72.18.57½	
	5.05.05½	....	La suivante des deux b	71.43.52½	71.43.12½	
	5.11.26½	....	La plus vive des deux	70.02.22½	70.01.42½	
	5.11.28	....	La deuxième.	70.11.57½	70.11.17½	
	5.19.18½	....	x	68.51.00	68.50.20	
	5.23.51½	....	δ	66.06.45	66.06.05	
	6.31.50⅔	....	δ du *Verseau*.	66.00.45	66.00.05	
	6.34.10¼	....	*Phomalhaut*.	79.45.30	79.44.50	2.35.10
	8.00.54¼	8.01.28½	Paff. du 1ᵉʳ bord de la *Lune*.　8ʰ 02′ bord inf.	52.08.00	52.07.20	
Le 27 au soir.	11.58.33	....	Passage du 1ᵉʳ bord ⎱ du *Soleil* à 70ᵈ.			
	0.00.53½	....	2ᵈ bord ⎰			
	5.09.48	....	Passage de ε du *Capricorne*.	69.25.45	69.25.05	
	5.15.23¼	....	x	68.51.00	68.50.20	
	5.18.39?	....	ε de *Pégase* à 40ᵈ⅖.　　Diam.	33 Révol 21	...32.02½	14.45.50
	5.19.57½	....	δ du *Capricorne* ..1.......	66.00.45	66.00.05	
	8.45.32⅔	8.45.45	Paff. du 1ᵉʳ bord de la *Lune*.　8ʰ 45′⅔ bord inf.	45.43.00	45.42.20	
Le 28 au matin.	7.17.04⅓	....	Passage de χ de la *grande Ourse*.	0.19.07½ 90.20. — 18	0.19.45	
			Les deux q.-de-c. baissent de 37″½ & 15″ au zénit.			
au soir.	5.12.01¾	....	Passage de la deuxième x du *Capricorne*	69.36.15	69.35.35	27.36.25
	5.14.44¾	....	ε de *Pégase*.	....	....	
	5.16.02½	....	δ du *Capricorne* à 17ᵈ 2′ 32″½.			
	6.24.01½	....	δ du *Verseau*.	66.00.45	66.00.05	
	6.34.56⅓	....	α de *Pégase*	35.01.47½	35.01.07½	
	9.32.51¾	9.32.40½	Paff. du 1ᵉʳ bord de la *Lune*.　9ʰ 33′ bord inf.	39.14.35	39.13.55	
Le 30 Décemb.	11.23.20	11.22.22½	Passage du 2ᵈ bord de la *Lune*.　　le centre.	27.31.30	27.30.50	57.15.10
	0.01.09¼	....	Midi le 1ᵉʳ Décembre par les hauteurs corresp.	34 Révol. 01½	...32.32½	
Le 2	7.02.33½	....	Passage de χ de l'*Ourse*	0.19.10	au zénit + 35	

ANNÉE 1743. DÉCEMB.	TEMPS de la PENDULE.	TEMPS VRAI ou APPARENT.	ANNÉE M. DCCXLIII.	DISTANCES AU ZÉNIT observées.	DISTANCES AU ZÉNIT corrigées.	ASCENSION DROITE du bord de la LUNE.
	H. M. S.	H. M. S.		D. M. Part. Micron.	D. M. S.	D. M. S.
Le 2 au matin. au soir.	0.00.23	· · · · · · ·	Passage du 1er bord } du Soleil. { ♂ de *Cassiopée*.	80.20 + 188	9.34.50	
	0.02.44½	· · · · · · ·	2d bord } { la *Polaire*...	46.50 — 27	43.10.35	
	1.56.09½	· · · · · · ·	Passage de α de la *Lyre*.	10.18.40	10.18.00	
	3.06.02½	· · · · · · ·	Passage de α de l'*Aigle*. 49d 20' + 60Part.	40.38.47½	40.38.07½	
	4.00.12½	· · · · · · ·	α du *Cygne*. 94.30. — 40	4.29.47½ · · ·		
Le 9 Le 10 au matin.	0.04.47½	· · · · · · ·	Passage du *Soleil* en 2' 22"½ le bord supérieur...	71.24.00	71.23.20	
	7.52.02½	7.46.49½	Pass. du 2d bord de la *Lune*. 7h 50'½ bord inf.	53.06.55	53.06.15	
	8.09.26½	· · · · · · ·	l'*Épi de la Vierge*.	58.39.30	58.38.50	193.33.55
Le 17 au matin.	7.41.00	· · · · · · ·	Au nord sous le pole ♂ de *Cassiopée*	17.50 — 32½	72.10.50	
	7.42.11⅔	· · · · · · ·	Passage de l'*Épi de la Vierge*.	58.39.35	58.38.55	
	8.34.16½	· · · · · · ·	*Arcturus*.	28.20.30	28.19.50	
Le 18	7.38.00	· · · · · · ·	Au nord ♂ de *Cassiopée*	18.00 — 413	72.10.50	
	0.08.33	· · · · · · ·	Passage du 1er bord } du *Soleil*. L'aig. reculée de 1 o'.	71.58.27½	71.57.47½	
	0.10.54½	· · · · · · ·	2d bord }	18.00 + 72	71.58.05	
Le 19 au matin. au soir.	8.18.15½	· · · · · · ·	Passage d'*Arcturus*. le mural parfaitement d'à-plomb.	28.20.30	28.19.50	309.47.05
	8.18.14	· · · · · · ·	Pass. au méridien par 2 hauteurs corresp. à 59d½.			
	2.52.22½	2.50.30	Passage du 1er bord de la *Lune*. le centre.	73.21.50	73.21.10	
Le 21 au soir.	2.35.16½	· · · · · · ·	Passage de α du *Cygne*.	4.29.52½		
	4.20.00¼	4.19.47½	Passage du 1er bord de la *Lune*. bord infér.	65.30.15	65.29.35	334.23.25
	4.38.22⅔	· · · · · · ·	La deuxième τ du *Verseau*.	63.46.40	63.46.00	
	4.45.43⅔	· · · · · · ·	Passage de *Phomalhaut*.	79.45.30	79.44.50	
			La pendule arrêtée le 20 Décembre. Diam.	31 Révol. 14	...29.52½	
Le 27 Le 28	11.59.37	· · · · · · ·	Pass. du 2d bord du ☉. bord sup. 18d 00'+207	71.55.00	71.54.20	
	0.00.10¼	· · · · · · ·	Ensuite la pendule s'est arrêtée. 18.00+303	71.52.30	71.51.50	
Le 30 au soir.	0. 0.24	· · · · · · ·	Passage du 1er bord du *Soleil*. bord supér.	71.44.55"	71.44.15	
	11.58.20	11.56.31	Passage du 1er bord } de la *Lune*. bord sup.	21.20.52½	21.20.12½ }	99.15.05
	0.01.00	11.59.11	2d bord }	68.40 — 13	21.20.10 }	
Le 31 au matin.	0.41.46½	· · · · · · ·	Passage de α des *Gémeaux*.	16.27.00	16.26.20	
	0.48.26¾	· · · · · · ·	Passage de *Procyon*.	43.00.00	42.59.20	☾ ⚹ Centre.
	0.52.08½	· · · · · · ·	β.	20.15.00	20.14.20	99.14.55
		2.40	Diam. horiz. = 33' 54". vertical.	35 Révol. 27	...34.07	
ANNÉE 1744.			**ANNÉE M. DCCXLIV.**			
JANVIER. Le 2 au matin.	2.12.18⅓	2.09.24⅓	Passage du 2d bord de la *Lune*. bord infér.	27.02.12½	27.01.32½	
			Au q.-de-c. mob. 63d 00' — 59Part. Diam.	35 Révol. 14½	...33.50	
	2.31.34¼	· · · · · · ·	Passage de λ du *Lion*.	24.47.15	24.46.35	134.35.40
Le 3 au soir.	0.02.31¼	· · · · · · ·	Passage du 1er bord } du *Soleil*. bord supér.	70.26.00	70.25.20	
	0.04.53½	· · · · · · ·	2d bord }			
	5.04.06	· · · · · · ·	u de *Pégase*.	32.04.50	32.04.10	
	5.31.25½	5.27.39½	Passage de la *Comète* découverte au 13 Déc..	27.10.40	27.10.00	5.48.35
	5.41.58	· · · · · · ·	ζ d'*Andromède*.	25.59.50	25.59.10	
	7.00.44½	· · · · · · ·	α du *Bélier*.	26.37.45	26.37.05	
Le 4 au matin.	4.05.55½	3.58.55	Pass. du 2d bord de la *Lune*. 4h 2' bord inf.	38.16.22½	38.15.42½	
	4.15.00	· · · · · · ·	Passage d'une Étoile de la cinquième grandeur...	38.17.42½	38.17.02½	
	4.16.59½	· · · · · · ·	ι du *Lion*.	36.55.45	36.55.05	
		4.15.00	Diam. de la *Lune* 32' 52"½. ♂ de *Cassiopée*.	18.00 — 408½	72.10.42½	
	6.17.52½	· · · · · · ·	Passage de l'épi de la *Vierge*.	58.39.37½	58.38.57½	
	7.09.57½	· · · · · · ·	*Arcturus*...C'est 0"½ trop tard.	28.20.37½	28.19.57½	
	7.09.57¼	· · · · · · ·	Pass. au méridien par 4 hauteurs correspondantes.			164.06.15
au soir.	4.59.34¼	· · · · · · ·	Passage de α d'*Andromède*.	21.10.30	21.09.50	
	5.23.33½	· · · · · · ·	cinquième grandeur.	27.05.45	27.05.05	
	5.25.23	5.21.05	la *Comète*.	27.19.15	27.18.35	5.15.45
	5.38.06½	· · · · · · ·	ζ d'*Andromède*.	25.59.50	25.59.10	
	6.56.52½	· · · · · · ·	α du *Bélier*.	26.37.40	26.37.00	
	8.09.56¾	· · · · · · ·	α de *Persée*. au nord.	0.02.52½	au zénit — 50	
	8.36.08¼	· · · · · · ·	ϰ des *Pléiades*.	25.34.35	25.33.55	

ANNÉE 1744. JANVIER.	TEMPS de la PENDULE.	TEMPS VRAI ou APPARENT.	ANNÉE M. DCCXLIV.	DISTANCES AU ZÉNIT observées.	DISTANCES AU ZÉNIT corrigées.	ASCENSION DROITE du bord de la LUNE.
	H. M. S.	H. M. S.		D. M. Part. Microm.	D. M. S.	D. M. S.
Le 5 au matin.	0.29.04¼	……	Paff. de *Procyon* par 2 hauteurs correfpond. à 26ᵈ.	……	…32.15	177.09.20
	4.51.08	4.46.35	Paff. du 2ᵈ bord de la *Lune.* 4ʰ 50' bord inf.	44.45.12½:…	44.44.32½	Réfraction.
	6.10.45	……	Sous le pole … ♃ de *Caffiopée.*	17.50.— 26	72.10.40	03.25
	6.14.01	……	Paffage de l'*Épi de la Vierge.*	58.39.37½..	58.38.57½	177.09.35
	7.06.05¼	……	*Arcturus.*	28.20.37½…	28.19.57½	
				61.40.+ 09½	28.19.35	
au foir.	5.19.24	5.14.35	la *Comète*	27.27.45…	27.27.05	
	5.19.42½	……	L'Étoile qui a précédé hier de 1'49"¼.	27.05.45…	27.05.05	La Comète.
	5.34.14½	……	ζ d'*Andromède*	25.59.47½…	25.59.07½	4.43.50
Le 6 au matin.	5.36.28½	5.31.23½	Paff. du 2ᵈ bord de la *Lune.* 5ʰ 35'⅓ bord inf.	51.14.15…	51.13.35	189.30.02½
	0.04.05	……	Paffage du 1ᵉʳ bord ⎱ du *Soleil.*			
	0.06.27½	……	2ᵈ bord ⎰			
au foir.	4.51.51⅔	……	α d'*Andromède*	21.11.35…	21.10.55	
	5.03.00	……	Sous le Pole. … ♃ de l'*Ourfe*	17.30.— 280½	72.37.27½	
	5.10.21	……	Paffage d'une Étoile de la feptième grandeur…	25.14.45…	25.14.05	
	5.13.26	5.08.05	La *Comète.* On voyoit à peine les fils…	27.36.22½…	27.35.42½	4.12.05
	5.30.23½	……	Paffage de ζ d'*Andromède.*	25.59.47½…	25.59.07½	
	5.38.00	……	Au nord γ de *Caffiopée.*	79.40.— 269	10.26.52½	
	6.07.00	……	♃. l'Étoile fuivoit le fil, &c.	80.00.— 59	10.01.20	
			Le 4 au foir à ⎱ 6ʰ 14' de la pendule	80.00.— 63	10.01.27½	
			⎰ 5.47 … la *Polaire*	50.50.+ 249	39.03.17½	
Le 7 au matin.	6.20.28¾	6.14.52¼	Paff. du 2ᵈ bord de la *Lune.* 6ʰ 19'⅘ bord inf.	57.26.20…	57.25.40	201.29.50
			Diamètre 2' 10"½.	32^Révol.22	…31.07½	
	6.22.44	……	m de la *Vierge.*	56.15.00…	56.14.20	201.29.00
	6.26.51	……	La dernière de trois Étoiles … 6.ᵉ grand.	58.46.45…	58.46.05	
	6.58.23¼	……	Paffage d'*Arcturus*	28.20.35…	28.19.55	
au foir.	5.06.28½	……	L'Étoile mieux vûe dans le crépufcule qu'hier…	25.14.45…	25.14.05	
	5.07.33	5.01.42	la *Comète.*	27.44.30…	27.43.50	3.41.40
	5.11.59¼	……	L'autre Ét. comparée les 4 & 5 au foir à la *Comète.*	27.03.40…	27.03.00	
	6.02.30	……	Au nord ♃ de *Caffiopée*	80.00.— 62½	10.01.25	
	7.58.23	……	fur le mural α de *Perfée.*	0.03.02½		
	8.24.35	……	n des *Pléiades.*	25.34.35…	25.33.55	
Le 8 au matin.	7.00.15	……	Paff. de la précéd. des deux au pied de la *Vierge.*	59.22.45::…	59.22.00	
	7.01.31½	……	La fuivante	59.20.30…	59.19.50	213.26.45
	7.04.23	6.58.14	Paff. du 2ᵈ bord de la *Lune.* 7ʰ 04'½ bord inf.	63.08.15…	63.07.35	213.27.35
	7.03.17	……	Le centre par les Cornes: 63ᵈ 08'00". Diam.	32^Révol.01½..	…30.37½	
	0.05.07¼	……	Paffage du 1ᵉʳ bord ⎱ du *Soleil.* bord fupér.	70.51.40…	70.51.00	
	0.07.19¼	……	2ᵈ bord ⎰			
au foir.	5.30.36	……	γ de *Caffiopée.*	79.40.— 281½	10.27.12½	
	8.20.44½	……	n des *Pléiades.*	25.34.30…	25.33.50	
Le 10 au matin.	8.35.54	8.28.43	Paff. du 2ᵈ bord de la *Lune.* 8ʰ 35' bord inf.	72.14.00	72.13.20	238.20.05
	11.10.20½	……	Paffage de α de la *Lyre.*	10.19.05	10.18.25	238.19.40
	0.06.08	……	Paffage du 1ᵉʳ bord ⎱ du *Soleil.* Grand froid. bord fup.	70.34.50	70.34.10	
	0.08.31	……	2ᵈ bord ⎰			
au foir.	4.36.28⅓	……	α d'*Andromède*	21.11.35	21.10.55	
	5.14.59½	……	ζ	25.59.57½	25.59.17½	
	5.22.30	……	Au nord γ de *Caffiopée.*	79.40.— 285½		
	5.26.15	……	la *Polaire*	50.50.+ 252	39.03.15	
	6.05.12	5.57.49	Paffage de la *Comète* au fil horaire	……	……	2.13.40
	6.06.05	……	L'Étoile y a paffé: elle étoit plus boréale de…	15^Révol.15…	…14.40	
	6.33.21½	……	Paff. de la plus vive des deux au deffus de α du ♉.	24.24.00♃…	24.23.10	
	7.46.50	……	α de *Perfée.* au nord.	0.02.55…	au zénit — 46½	
	8.13.02¼	……	n des *Pléiades*	25.34.45…		
Le 11 au matin.	5.25.00	……	Grand froid. la *Polaire.*	46.50.— 15½	Le Pole. 41.07.50	
	5.48.20	……	Au nord ♃ de *Caffiopée.* Réfract. 3'15"	18.00.— 411		
	5.50.57	……	l'*Épi de la Vierge.*			
	6.43.00⅔	……	*Arcturus*	……	……	251.29.10
	9.24.31½	9.16.50½	Paffage du 2ᵈ bord de la *Lune.* le centre.	75.01.15…	75.00.25	251.30.05
	0.06.37	……	Paffage du 1ᵉʳ bord du *Soleil.*			
au foir.	5.11.08½	……	ζ d'*Andromède.*			

Année 1744. Janvier.	Temps de la Pendule.	Temps vrai ou apparent.	Année M. DCCXLIV.	Distances au Zénit observées.	Distances au Zénit corrigées.	Ascension droite du bord de la Lune.
	H. M. S.	H. M. S.		D. M. Pert. Microm.	D. M. S.	D. M. S.
Le 11 au soir.	5. 24. 00	....	0ʰ 05′ après le paſſ. au Mér. la *Polaire*.	50. 50 + 247	39. 03. 20::	
	5. 46. 35	....	δ de *Caſſiopée*	80. 00 — 64	10. 01. 28	
	7. 43. 00	....	Paſſage de α de *Perſée*	0. 02. 52½...	au zénit 49	
	8. 09. 11¼	....	n des *Pléiades*.			
Le 12 au matin.	10. 14. 53½	10. 06. 42½	Paſſage du 2d bord de la *Lune*. le centre.	76. 50. 00....	76. 49. 10	265. 05. 02½
	11. 02. 39½	....	Paſſage de α de la *Lyre*	10. 19. 07½...	10. 18. 17½	265. 04. 37½
	0. 07. 05¾	....	Paſſage du 1er bord } du *Soleil* à 70ᵈ½.			
	0. 09. 27	....	2d bord }			
Le 13 au soir.			Le mural tourné au nord juſqu'au 29 Janvier.			
		5. 12. 00	Environ 10′ après le paſſage. la *Polaire*.	39. 03. 50....	39. 03. 00	
	5. 25. 20	....	La ſuivante de deux petites Étoiles de la 6ᵉ gr...	30. 39. 55....	30. 39. 05	
	5. 39. 10	....	Paſſage de δ de *Caſſiopée*.	10. 01. 57½...	10. 01. 07½	
Le 17		4. 54. 00	Environ 8′ après ſon paſſage. la *Polaire*.	39. 04. 17½...	39. 03. 27½	
Le 18 au soir.	4. 38. ¼	4. 41. 45	Un peu à droite du fil central à ſon paſſ. au Mérid.	39. 03. 45....	39. 02. 55	
	4. 55. 10½	....	Paſſage d'une Étoile de la 4ᵉ à 5ᵉ grandeur. ..	28. 30. 20....	28. 29. 30	
	5. 03. 01½	....	Paſſage de δ de *Caſſiopée*	10. 02. 15....	10. 01. 25	
	5. 11. 54	....	h. Elle a paſſé le 17 à 5ʰ 15′ 45″½.	22. 51. 37½		
Février Le 1 au soir.	8. 41. 40	8. 42. 50	Paſſ. de la *Comète* au fil hor.... Elle étoit au ſud.	38 Révol. 06	...36. 30	
	8. 42. 18	8. 43. 28	L'Étoile de la 5ᵉ gr. y a paſſé... Diff. 38″ ou 40″.	38. 01	...36. 22½	
	9. 12. 31	9. 13. 40½	Paſſage de la *Comète* qui étoit plus auſtrale de ..	38. 25		
	9. 13. 00	9. 14. 09½	L'Étoile.			
Le 3 au soir.		8. 26. 20	Paſſage de la *Comète* au fil horaire & au ſud de ...	46 Révol. 21½	...44. 20	
		8. 27. 00	La précédente de deux Étoiles contigues.			
Le 15 au soir.			Avec le quart-de-cercle de deux pieds de rayon.	entre les deux étoiles.	Diſtance.	
		5. 37. 30	Entre α de la *Chèvre* & la *Comète*.	78. 24. 00....	54. 14. 10	X 22. 51. 22½
		6. 00. 00	Entre *Rigel* & la *Comète*	92. 17. 45		Latitude boréale.
			A cauſe des réfractions, 78ᵈ 26′ 10″.....	92. 19. 55		19. 45. 17½
		7. 05. 18	Paſſ. de l'Étoile au fil horaire. } Diff. en déclin.	62 Révol. 10½	...59. 32½	
		7. 09. 01½	La *Comète* au ſud ..... }			
		7. 14. 20	Paſſage de l'Étoile. }			
		7. 18. 06½	La *Comète* .... }			
Le 16 au soir.	11. 59. 06¾	....	Midi vrai par 4 hauteurs correſpondantes à 24ᵈ.			
	5. 06. 32½	....	Paſſage de α de *Perſée* .. } Le mural retourné au ſud.	0. 02. 55....	au zénit — 46¾	
	5. 32. 40	....	n des *Pléiades*. }	25. 34. 30		
Le 17 au soir.	0. 00. 01¼	....	Paſſ. du 2d bord du *Soleil*. Le mural 1 3″ trop à l'orient.			
		6. 00. 00	Diſtance de α de *Pégaſe* à la *Comète*	61 Révol. 30	...59. 02½	
		6. 14. 07½	Paſſage de α. .... } au fil hor. 0ʰ 3′ 39″ par excès.			La *Comète*.
		6. 17. 46½	La *Comète* au nord }	24. 10	...23. 10	343. 53. 50
		6. 21. 05½	Paſſage de α. } 3′ 32″ par défaut. 6ʰ 21′ en décl.			
		6. 24. 37½	La *Comète* }			
Le 18 au soir.	4. 58. 47	....	Paſſage de α de *Perſée*. au nord.	0. 02. 57½...	Erreur — 46	
	5. 24. 59½	....	n des *Pléiades*	25. 34. 32½		
		6. 05. 00	Diſtance de la *Comète* à l'Étoile.	15 Révol. 09½....	...14. 35	
		6. 31. 00	α de *Pégaſe* au fil horaire. } Diff. en déclin.	15. 00	...14. 20	343. 03. 35
		6. 31. 15	La *Comète* au ſud .... }			
		6. 35. 00	Diſtance de la *Comète* à l'Étoile.	15. 26½.....	...14. 57½	
			La queue fort large & comme ſéparée en deux branches : elle s'étendoit preſque juſqu'à la tête d'*Andromède*.			
202ᵉ Lunaison. Le 21 au soir.	11. 58. 56½	....	Midi vrai par 4 hauteurs correſpondantes du *Soleil*.			
	6. 02. 07¾	....	Paſſage d'*Aldebaran*	32. 53. 40....	32. 53. 00	65. 47. 47½
	6. 04. 04½	6. 05. 09	Paſſage du 1er bord de la *Lune*.	....	....	65. 48. 32½
	6. 05. 20½	....	Paſſage du centre, 66ᵈ 06′ 55″ bord inf.	24. 50. 30....	24. 49. 50	
Le 23	11. 58. 46	....	Midi vrai par 2 hauteurs correſpondantes du *Soleil*.	Diamètre de la *Lune*.		
			Au ſoir, l'inſtrument mural parfaitement d'à-plomb & arrêté par ſes ſix oreillons.	34 Révol. 35	...33. 20	
au soir.	8. 06. 32¾	....	Paſſage de *Sirius*.	65. 13. 30....	65. 12. 50	98. 47. 20

ANNÉE 1744. FÉVRIER.	TEMPS de la PENDULE.	TEMPS VRAI ou APPARENT.	ANNÉE M. DCCXLIV.	DISTANCES AU ZÉNIT observées.	DISTANCES AU ZÉNIT corrigées.	ASCENSION DROITE du bord de la LUNE.
	H. M. S.	H. M. S.		D. M. Part. Mixtau.	D. M. S.	D. M. S.
Le 23 au foir.	8.07.53¼	8.09.10	Paff. du 1er bord de la Lune. 8h 9' bord fup.	21.05.30....	21.04.50	98.48.07½
	8.09.22½	....	le centre par les Cornes. bord inf.	21.38.55....	21.38.15	
	8.24.02¼	....	Étoile au fud de γ des Gémeaux.	20.20.00::...	....	98.47.17½
Le 24			Hauteurs correfpondantes du bord fupér. du Soleil.			
	Midi non corrigé.	Correct. fouftract.	au matin. — au foir.			
	11.58.58	— 0.19	10h 00' 47"... 26d 20' 00"... 1h 57' 09"			
	11.58.57½	....	10.04.35¼... 26.40.00... 1.53.19½			
	11.58.38½	....	Midi vrai...4"¼ plus tard qu'au q.-de-cercle mur.			
	11.57.28¼	....	Paffage du 1er bord } du Soleil à 58d⅓.			
	11.59.40¼	....	2d bord }			
au foir.	8.45.55½	....	Paffage de α des Gémeaux.........	16.27.05....	16.26.25	
	8.54.33¼	....	Procyon.........	43.00.00....	42.59.20	
	8.58.18¼	....	ß des Gémeaux.........	20.15.00....	20.14.20	115.57.42¼
	9.12.29¼	9.13.54½	Paffage du 1er bord de la Lune. bord fup.	22.35.52½....	22.35.12½	
			Haut. mérid. du même bord au q.-de-c. mobile.	67.30 — 194	22.34.55	
			Diam. de la Lune.	35 révol.08½....	...33.40	
Le 26 au foir.	11.13.38¼	11.17.17½	Paff. du 1er bord de la Lune. 11h 14' bord fup.	31.22.30....	31.21.50	148.23.20
	11.13.50¼	....	π du Lion.	30.52.15....	30.51.35	
			Diamètre de la Lune égal à celui d'avanthier...	....	...33.40	
MARS. Le 5	11.57.35¼	....	Paffage du 1er bord } du Soleil à 54d⅘.			
	11.59.45¼	....	2d bord }			
Le 7 au foir.	5.41.45	....	Paffage de α de la Chèvre. Au zénit 45"..	3.10.15....	3.09.25	
	5.55.22	....	γ d'Orion.	42.46.00....	42.45.10	
	6.02.50¼	....	La première du baudrier δ....	49.22.05....	49.21.15	
	6.07.07½	....	ε....	50.14.45....	50.13.55	
	6.11.44	....	ζ....	50.57.25....	50.56.35	
	6.25.11¼	....	α....	41.31.30....	41.30.40	Saturne.
	11.50.55½	....	Paffage de σ du Lion.........	41.26.10....	41.25.20	167.23.07½
	11.52.31¾	11.54.21½	Saturne achronique.........	40.59.15....	40.58.25	
Le 8			Hauteurs correfpondantes du bord fupér. du Soleil.	Deformais au zénit — 50".		
	Midi non corrigé.	Correct. additive.	au matin. — au foir.			
	11.58.22¼	+ 0.19⅔	9h 11' 28"... 25d 40' 00".. 2h 45' 17"½			
	11.58.23¼	....	9.12.02... + 150... 2.44.44½			
	11.58.22½	....	9.14.14¼... 26.00.00 .. 2.42.30½			
	11.58.03	....	Midi vrai... 5"½ plus tard qu'au mural.....			
	11.56.53½	....	Paffage du 1er bord } du Soleil à 53d⅓ du zénit.			
	11.59.02½	....	2d bord }			
au foir.	5.51.27⅔	....	Paffage de γ d'Orion.........	42.46.10....	42.45.20	
	6.21.17	....	α.........	41.31.40....	41.30.50	
Le 15 au matin.			L'aiguille avancée de 5'. α de la Lyre.	10.19.17¼....	10.18.27½	
			Au quart-de-cercle mobile.	79.40 + 55	10.18.17½	
	11.59.51¾	....	Paffage du 1er bord } du Soleil. bord fupér.	50.28.15....	50.27.25	
	0.02.01¼	....	2d bord }			Afcenfions droites moyennes calculées.
au foir.	5.15.14¾	....	Paffage de α de la Chèvre. Au zénit — 50"..	3.10.20....	3.09.30	
	5.36.19⅔	....	δ d'Orion.........	49.22.10....	49.21.20	79.44.20
	5.40.36⅓	....	ε. Afc. dr. appar. 80d 48' 30"½..	50.14.45....	50.13.55	80.48.40
	5.45.12	....	ζ.........	50.57.25....	50.56.35	81.57.57½
Le 19 au foir.	4.06.24½	4.06.42½	Paff. du 1er bord de la Lune. 4h 07'½ bord inf.	25.45.00....	25.44.10	
			Au quart-de-cercle mobile.	64.15.40....	25.44.10	
			{	32.54.00....	32.53.10	
	4.23.01¼	....	Paffage d'Aldebaran......... {	57.06.50....	32.53.02¼	61.08.37½
	5.03.53½	....	Rigel.........	57.22.15....	57.21.25	61.08.02½
Le 20 au foir.	11.59.28	....	Midi vrai par deux hauteurs correfpond. du Soleil.			
	4.59.58½	....	Paffage de Rigel. Diam.	....	...32.40	76.38.20
	5.04.20¼	5.04.54	Paffage du 1er bord de la Lune. bord inf.	22.42.30....	22.41.40	76.38.50
Le 21 au foir.	4.51.35	....	Paffage de α de la Chèvre. à 4h 51' 55"..	3.10.22½		par ß des Gémeaux.
	6.05.42¼	6.06.37	Paffage du 1er bord de la Lune. bord fup.	20.53.30....	20.52.40	93.01.00
			Quart-de-cercle mob. 69d 07' 05". inf.	21.26.00....	21.25.10	

203e Lunaifon.

ANNÉE 1744. MARS.	TEMPS de la PENDULE.	TEMPS VRAI ou APPARENT.	ANNÉE M. DCCXLIV.	DISTANCES AU ZÉNIT observées.	DISTANCES AU ZÉNIT corrigées.	ASCENSION DROITE du bord de la LUNE.
	H. M. S.	H. M. S.		D. M. Part. Microm.	D. M. S.	D. M. S.
Le 22 au soir.	7. 07. 44 ½	· · · · · ·	Étoile qui précède υ.　　　Diamètre de la *Lune*.	34 Révol. 20 · · · ·	· · · 32. 59 ½	
	7. 08. 22	7. 09. 36	Passage du 1ᵉʳ bord de la *Lune*.　　bord supér.	21. 37. 45 · · · ·	21. 36. 55	
	7. 09. 39	· · · · · ·	Passage de υ des *Gémeaux*. · · · · · · · · ·	21. 25. 45 · · · ·	21. 24. 55	109. 42. 35
	7. 15. 22 ⅔	· · · · · ·	Passage de *Procyon*. · · · · · · · · ·	43. 00. 15 · · · ·	42. 59. 25	
	7. 19. 07 ⅓	· · · · · ·	β des *Gémeaux*. · · · · · · · ·	20. 15. 02 ½ · · ·	20. 14. 12 ½	109. 42. 25
	7. 25. 30	7. 26. 45	Distance de υ au bord le plus proche. · · · · ·	15 Révol. 18 ½ · · ·	· · · 14. 47 ½	
AVRIL. Le 3			Hauteurs correspondantes du bord supér. du *Soleil*.			
	Midi non corrigé.	Correct. additive.	au matin.　　　　　　au soir.			
	11. 57. 40 ⅛	+ 0. 16 ¼	10ʰ 05' 09" ½ · · · 40ᵈ 50' 00" · · · 1ʰ 50' 10" ¾			
	11. 57. 40 ¼	· · · · · ·	10. 05. 35 · · · ·　　+ 100 · · · 1. 49. 45 ½			Lieu du *Soleil*. ♉ 14ᵈ 02' 18" ½
	11. 57. 40 ½	· · · · · ·	10. 08. 28 ⅔ · · · 41. 10. 00 · · · 1. 46. 52 ½			moins avancé de
	11. 57. 24	· · · · · ·	Midi vrai... 4" plus tard qu'au q. de cercle mural.			0' 50" que selon
	11. 56. 15 ½	· · · · · ·	Passage du 1ᵉʳ bord ⎰ du *Soleil*.　　bord supér.	43. 03. 02 ½ · · ·	43. 02. 12 ½	les Tables.
	11. 58. 24 ¼	· · · · · ·	2ᵈ bord ⎱			
au soir.	5. 38. 33 ¾	· · · · · ·	*Sirius*. · · · · · · · · ·	65. 13. 45 · · · ·	65. 12. 55	
	6. 30. 28 ⅔	· · · · · ·	*Procyon* · · · · · · · · ·	43. 00. 00 · · · ·	42. 59. 10	
	6. 34. 13 ½	· · · · · ·	Passage de β des *Gémeaux*. · · · · · · · ·	20. 15. 00 · · · ·	20. 14. 10	
Le 4 au matin.		·	Diam. de la *Lune*.	31 Révol. 01 ½ · · · ·	· · · 29. 40	
	5. 32. 25 ¾	5. 35. 15	Passage du 2ᵈ bord de la *Lune* à 5ʰ 31' ¼ bord inf.	78. 03. 15 · · ·	78. 02. 35	
	5. 31. 30	· · · · · ·	Le bord supérieur. · · · · · · · ·	77. 33. 27 ½ · · ·	77. 32. 37 ½	
				12. 20 + 25 ⁸ ½	77. 33. 10	
	6. 40. 53 ½	· · · · · ·	Passage de α de l'*Aigle* · · · · · · · · ·	40. 39. 20 · · · ·	40. 38. 30	277. 25. 40
Le 5 au matin.	5. 20. 00	· · · · · ·	Diamètre de la *Lune*.	31 Révol. 00 · · · · ·	· · · 29. 37 ½	
	5. 38. 10 ½	· · · · · ·	Passage de σ du *Sagittaire* · · · · · · · · ·	75. 24. 00 · · · ·	75. 23. 10	291. 18. 05
	6. 23. ✶	6. 26. 58	Passage du 2ᵈ bord de la *Lune*.　　bord supér.	76. 42. 30 · · · ·	76. 41. 40	
	6. 36. 59	· · · · · ·	Passage de α de l'*Aigle*.	13. 10 + 　313	76. 41. 42 ½	
au soir.	3. 59. 22 ¼	· · · · · ·	Passage de *Rigel*. · · · · · · · · ·	57. 22. 20 · · · ·	57. 21. 30	
	5. 30. 44 ¼	· · · · · ·	*Sirius* · · · · · · · · ·	65. 13. 45 · · · ·	65. 12. 55	
	6. 22. 39 ¾	· · · · · ·	*Procyon*. · · · · · · · · ·	43. 00. 12 ½ · · ·	42. 59. 22 ½	
Le 6 au matin.		5. 08. 00	A 10ᵈ ¼ vers l'orient diam. de la *Lune*. · · · ·	30 Révol. 33 ½ · · ·	· · · 29. 30	
	5. 23. 13 ½	· · · · · ·	Passage de α de la *Lyre*. · · · · · · · ·	10. 19. 15 · · ·	10. 18. 25	
	5. 34. 14 ½	· · · · · ·	σ du *Sagittaire*. · · · · · · · ·	75. 24. 02 ½ · · ·	75. 23. 12 ½	303. 43. 37 ½
	6. 33. 02 ¼	· · · · · ·	α de l'*Aigle*. · · · · · · · ·	40. 39. 22 ½ · · ·	40. 38. 32 ½	
	7. 13. 29 ¼	7. 16. 53 ½	Passage du 2ᵈ bord de la *Lune*.　　bord sup.	74. 32. 20 · · · ·	74. 31. 30	
			Hauteurs correspondantes du bord supér. du *Soleil*.			
	Midi non corrigé.	Correct. soustract.	au matin.　　　　　　au soir.			
	11. 56. 49 ¼	− 0. 16 ¾	9ʰ 00' 46" ½ · · 34ᵈ 10' 00" · · 2ʰ 52' 52"			
	11. 56. 48	· · · · · ·	9. 03. 32 ¼ · 34. 30 + 100 · · · 2. 50. 03 ½			
	11. 56. 48 ⅝	· · · · · ·	9. 05. 41 ¼ · 34. 50. 00 · · 2. 47. 55 ¾			
	11. 56. 48 ½	· · · · · ·	9. 06. 01 · · · 　+ 100 · · · 2. 47. 36 ½			
	11. 56. 32	· · · · · ·	Midi vrai... 3" plus tard qu'au q. de cercle mural.			
	11. 55. 24 ⅓	· · · · · ·	Passage du 1ᵉʳ bord ⎰ du *Soleil*.　　bord infér.	42. 26. 55 · · · ·	42. 26. 05	
	11. 57. 33 ⅔	· · · · · ·	2ᵈ bord ⎱			
Le 18 au soir.	11. 58. 45	· · · · · ·	Passage du *Soleil*.　　La pendule remise en mouvement.			
	5. 10. 07 ¼	5. 11. 23	Passage du 1ᵉʳ bord de la *Lune*.　　bord sup.	21. 07. 45 :: · · ·	21. 06. 55	
	5. 36. 58 ¼	· · · · · ·	*Procyon*.　　Au quart-de-cercle mob.	68. 50 + 　131 ::	21. 06. 20	104. 44. 00
Le 20 au soir.	7. 09. 43	7. 11. 26	Passage du 1ᵉʳ bord de la *Lune*.　　bord sup.	27. 09. 30 · · · ·	27. 08. 40	
	7. 34. 10	· · · · · ·	Passage de ε du *Lion*. · · · · · · · · ·	23. 56. 00 · · · ·	23. 55. 10	136. 41. 20
	7. 56. 09 ½	· · · · · ·	n · · · · · · · · ·	· · · · · ·	· · · · · ·	136. 41. 30
	7. 57. 29 ½	· · · · · ·	*Regulus*. · · · · · · · · ·	35. 39. 35 · · · ·	35. 38. 45	
Le 21 au soir.	11. 56. 58 ¼	· · · · · ·	Passage du 1ᵉʳ bord du *Soleil*.			
	7. 53. 32 ¾	· · · · · ·	*Regulus* · · · · · · · · ·	35. 39. 45 · · · ·	35. 38. 55	151. 15. 45
	8. 03. 51 ½	8. 05. 50 ¼	1.ᵉʳ bord de la *Lune*.　　bord sup.	32. 25. 15 · · · ·	32. 24. 25	151. 16. 02 ½
Le 22 au soir.	11. 56. 43 ⅔	· · · · · ·	Passage du 1ᵉʳ bord ⎰ du *Soleil*.　　bord sup.	36. 12. 15 · · · ·	36. 11. 25	
	11. 58. 54 ½	· · · · · ·	2ᵈ bord ⎱			
	8. 54. 16 ⅔	8. 56. 29 ¼	Passage du 1.ᵉʳ bord de la *Lune*. A 8ʰ 55' ⅓ bord sup.	38. 35. 55 · · · ·	38. 35. 05	164. 54. 20
			Diam.	34 Révol. 03 · · · · ·	32. 30	

ANNÉE 1744. AVRIL.	TEMPS de la PENDULE.	TEMPS VRAI ou APPARENT.	ANNÉE M. DCCXLIV.	DISTANCES AU ZÉNIT observées.	DISTANCES AU ZÉNIT corrigées.	ASCENSION DROITE du bord de la LUNE.
	H. M. S.	H. M. S.		D. M. Part. Mitrom.	D. M. S.	D. M. S.
Le 25	11.56.58¼		Passage du *Soleil* en 2′ 11″ le centre........	35.25.45	Grandeur.	
Le 26		8.38.50	Milieu de l'Éclipse, dont la durée... 3h 01′.	A Lauzanne.	8.38.	
au soir.		10.12.20	Fin observée à Paris. à Lauzanne 10.27..	Le Pole.		
		14.52.00	Fin à Daman, donc différence.... 4. 39⅔	20.06.00....	8.20.	
MAI.	8.55.26½		Passage de β du *Lion*........	32.52.00....	32.51.15	
Le 2	9.01.06½		entre l'*Hydre* & le *Corbeau* 6.e grand.	73.07.15....	73.06.30	
Le 3	5.18.29¼	5.14.45	Pass. du 2d bord de la *Lune*. 5h 17′½ bord sup.	75.35.15....	75.34.30	299.17.02½
au matin.	5.54.04½		α du *Cygne*. au zénith — 45″	4.30.22½...	4.29.37½	299.17.07½
	0.02.32¼		Passage du 1er bord } du *Soleil*. bord supér.	32.45.30...	32.44.45	
	0.04.45¼		2d bord }			
au soir.	8.54.57½		β du *Lion*.			
	9.06.39½		Entre la *Coupe* & le *Corbeau*.... 3.e grandeur.	67.04.30..	67.03.45	
Le 8	9.00.03	8.57.00	Pass. du 2d bord de la *Lune*. 8h 59′ bord sup.	52.35.30...	52.34.45	359.47.55
au matin.	0.01.53¼		Passage du 1er bord } du *Soleil*.			
	0.04.06¾		2d bord }			
au soir.	8.35.00¾		β du *Lion*.			
	8.41.21		Étoiles de la *Vierge*..... 5.e grand.	52.34.00...	52.33.15	359.47.22½
	8.42.55½		4.e à 5.e grand.	52.12.50...	52.12.05	
	8.46.54½		La plus vive des informes sous β.	49.11.45....	49.11.00	11.27.12½
Le 9	9.42.37¼	9.39.40	Pass. du 2d bord de la *Lune*. 9h 41′½ bord sup.	46.19.20....	46.18.35	11.27.32½
au matin.	0.01.48		Passage du 1er bord } du *Soleil* à 31d ¾.			
	0.04.01		2d bord }			
Le 10		5.11.25	Immersion de *Vénus* sous la *Lune*......	M. Maraldi.	Lunette 17 pieds.	
au matin.	10.20.06¼	10.17.13½	Passage de *Vénus*..........	41.29.55...	41.29.10	
	10.27.08½	10.24.15½	2d bord de la *Lune*. le centre.	40.13.30....	40.12.45	23.36.25
	0.01.43½		1er bord } du *Soleil*.			
	0.03.57		2d bord }			
au soir.	8.16.03¼		Celle qui précède ω de la *Vierge*..... 38d ½.			
			ω.	39.19.05...	39.18.20	
	8.23.10¼		ζ.	39.11.15...	39.10.30	
	8.23.47½		ν avant α de l'*Aigle*. 121d 23′ 51″	40.54.12½...	40.54.27½	23.36.17½
	8.27.04¾		β du *Lion*.	32.52.12½...	32.51.27½	
	8.32.58½		A de la *Vierge*.	38.59.52::...	38.59.07	
Le 11	4.28.02⅔		Passage de α de l'*Aigle*.	40.39.15...	40.38.30	
Le 21	8.25.32¼	8.23.21	Passage de *Jupiter*........	49.15.57½...	49.15.12½	*Jupiter.* 184.39.31½
au soir.			Diamètre.	33 Révol. 18½...	...32.00	
	8.31.54⅓	8.29.43	Passage du 1er bord de la *Lune*.... bord sup.	49.50.30....	49.49.45	186.15.15
	8.35.36		la double γ de la *Vierge*.....	48.54.00....	48.53.15	
	8.46.57		La plus vive des deux Étoiles.... 5.e grand.	51.01.15::...	51.00.30	
	8.47.18½		La suivante.	51.41.00...	51.40.15	
	8.50.10½		avant K..... 4.e à 5.e grand.	48.25.15...	48.24.30	
	8.54.16½		celle qui suit K..... 5.e grand.	50.50.37½...	50.49.52½	
Le 22	9.14.30¼		Passage de l'*Épi de la Vierge*.	58.40.17½...	58.39.32½	198.32.55
au soir.	9.16.53¾	9.14.41	1.er bord de la *Lune*. bord sup.	56.21.30...	56.20.45	
	9.23.41½		La double & suivante...... 7.e grandeur.	56.08.35...	56.07.50	
	10.06.40⅔		Passage d'*Arcturus*.	28.20.45...	28.20.00	
			Diamètre de la *Lune*.	33 Révol. 03...	...31.37½	
Le 23	8.27.35⅔		Passage de γ de la *Vierge*.	48.54.00...	48.53.15	
au soir.	8.39.17¾		La suivante des deux.	51.41.00...	51.40.15	
	8.41.24½		quatrième grandeur.	47.24.50...	47.24.05	
Le 26	0.01.06⅓		Passage du 1er bord } du *Soleil*.			
	0.03.22¾		2d bord }			
au soir.	8.43.30⅓		Passage de θ de la *Vierge*.	53.01.25...	53.00.40	
	8.46.24½		5.e grandeur.	49.15.00...	49.14.15	
	8.50.04½		4.e à 5.e gr.	48.53.17½...	48.52.32½	
	8.56.00		4.e à 5.e gr.	53.41.55...	53.41.10	
	8.58.29½		α ou l'*Épi*.	58.40.10...	58.39.25	☾ ♂ Centre.
	11.59.57¾		*Antarès*.	74.39.20...	74.38.35	351.12.05

205.e Lunaison.

D

ANNÉE 1744. MAI.	TEMPS de la PENDULE.	TEMPS VRAI ou APPARENT.	ANNÉE M. DCCXLIV.	DISTANCES au Zénit observées.	DISTANCES au Zénit corrigées.	ASCENSION DROITE du bord de la LUNE.
	H. M. S.	H. M. S.		D. M. Part. Microm.	D. M. S.	D. M. S.
Le 27 au matin.	0. 29. 43½	0. 27. 27	Passage du 1er bord }de la Lune.{ bord supérieur.	75. 22. 05	75. 21. 20	Centre.
	0. 32. 02¼	0. 29. 46	2d bord }{ bord inférieur.	75. 52. 15	75. 51. 30	251. 12. 42½
			Diam.	31 Révol. 27	... 30. 17½	
Le 29	0. 01. 15½	....	Passage du 1er bord }du Soleil.			
	0. 03. 32½	....	2d bord }			
Le 30 au soir.	8. 27. 29⅓	....	Passage de θ de la Vierge	53. 01. 25 ...	53. 00. 40	
	8. 34. 03½			48. 53. 15 ...	48. 52. 30	
	8. 39. 59½		4.e grand.	53. 42. 05 ...	53. 41. 20	
	8. 42. 28½		α ou l'Épi	58. 40. 15 ...	58. 39. 30	
	8. 47. 49½		La première l ...... 5.e à 6.e grand.	53. 59. 50 ...	53. 59. 05	
	8. 49. 23¼		La deuxième ...... 4.e grand.	53. 46. 55 ...	53. 46. 10	
	8. 52. 56		La troisième ...... 5.e grand.	52. 56. 25 ...	52. 55. 40	
	8. 58. 53½		m.	56. 15. 22½	56. 14. 37½	
Le 31 au matin.	3. 58. 21⅔	3. 55. 52	Passage du 2d bord de la Lune ....{ bord inf.	73. 52. 40	73. 51. 55	
			{ bord sup.	73. 22. 20	73. 21. 35	
			Diam.	30 Révol. 38½	29. 35	
	0. 01. 21¼	....	Passage du 1er bord }du Soleil.			
	0. 03. 38⅓	....	2d bord }	24. 50 — 123½	65. 13. 12½	
au soir.	2. 01. 38⅔	....	Passage de Sirius	65. 13. 45	65. 13. 00	307. 13. 32½
	7. 02. 59½	....	β du Lion	32. 52. 00	32. 51. 15	
JUIN. Le 4 au soir.	6. 52. 02	6. 49. 50	Passage du 2d bord de la Lune à 6h 51'⅛ bord sup.	55. 05. 30	55. 04. 50	
	0. 01. 38¼	....	Passage du 1er bord du Soleil.			
	9. 01. 27½	....	Étoile de la quatrième grandeur	52. 59. 40	52. 59. 00	
	9. 05. 57	....	Celle qui précède x de la Vierge	57. 55. 47½ ...	57. 55. 07½	
	9. 09. 29	....	La suivante moins vive	57. 32. 07½ ...	57. 31. 27½	
	9. 09. 48½	....	x	57. 55. 15	57. 54. 35	354. 47. 10
	9. 11. 37::	....	8.e grand.	53. 36. 15	53. 35. 35	
	9. 13. 09¼	....	ι de la Vierge	53. 37. 22½ ...	53. 36. 42½	
	9. 13. 33½	....	Arcturus	28. 20. 37½ ...	28. 19. 57½	
Le 5 au soir.	7. 33. 16⅔	7. 30. 24	Passage du 2d bord de la Lune. 7h 32'¼ bord sup.	49. 02. 32½ ...	49. 01. 52½	
	7. 49. 30	....	l'Étoile Polaire.	46. 50 — 52½	43. 11. 15	
	8. 18. 23⅓	....	Passage de l'Épi de la Vierge	58. 40. 15	58. 39. 35	6. 08. 15
Le 6 au matin.	8. 15. 57½	8. 12. 58½	Passage du 2d bord de la Lune. 8h 15' bord sup.	42. 49. 25	42. 48. 45	
	0. 01. 49⅓	....	1er bord }du Soleil. à 26d ⅛.			
	0. 04. 06¼	....	2d bord }			
	0. 03. 00	....	Midi vrai. Par 2 hauteurs correspond du Soleil ...			
au soir.	4. 57. 52	....	Passage de Regulus	35. 39. 35	35. 38. 55	17. 50. 00
	5. 01. 51	4. 58. 50	Saturne	40. 03. 35	40. 02. 55	
Le 7 au matin. au soir.	9. 01. 24¼	8. 58. 20½	Passage du 2d bord de la Lune. 9h 0'¼ bord sup.	36. 40. 00	36. 39. 20	
	0. 04. 11¼	....	2d bord du Soleil. la Polaire.	46. 50 — 53	43. 11. 17½	
	8. 10. 17½	....	l'Épi de la Vierge ...... δ de Cassiopée ...	17. 50 07½ — 64	72. 11. 32½	30. 14. 30
	8. 36. 00	....	Au nord ...... η de la Grande Ourse	91. 50 — 239½	91. 43. 57½	
	8. 49. 20¼	....	Passage d'une Étoile de la Vierge ... 4.e grand.	52. 59. 45	52. 59. 05	
	8. 53. 50	....	5.e grand.	57. 37. 45	57. 37. 05	
	8. 57. 42½	....	x	57. 55. 15	57. 54. 35	
	9. 02. 27¼	....	Arcturus	28. 20. 37½ ...	28. 19. 57½	43. 43. 15
Le 8 au soir.	9. 51. 07½	9. 47. 58½	Passage du 2d bord de la Lune. 9h 50'⅓ bord sup.	30. 54. 55	30. 54. 15	
	8. 07. 20	....	au nord ...... δ de Cassiopée ..	17. 50. 05 — 59	72. 11. 25	
	8. 45. 19⅓	....	Passage d'une Étoile de la Vierge	52. 59. 40	52. 59. 00	43. 43. 00
	8. 47. 37⅓	....	Une autre plus vive	56. 56. 10	56. 55. 30	
	8. 55. 26½	....	Celle qui précède ι ...... 7.e grand.	53. 36. 00	53. 35. 20	
	8. 57. 00⅓	....	ι			
	8. 58. 25½	....	Arcturus			
206e Lunaison. Le 13	2. 54. 04	2. 58. 32½	Passage du 1er Bord de la Lune. le centre.	24. 45. 30	24. 44. 45	125. 59. 42½
Le 14	11. 57. 30¼	....	Passage du 1er bord }du Soleil. bord supér.	25. 17. 20	25. 16. 35	
	11. 59. 48	....	2d bord }			
au soir.	3. 53. 15	3. 54. 32½	Pass. du 1er bord de la Lune. 3h 54'¼ bord sup.	29. 04. 55	29. 04. 10	141. 49. 27½
	4. 20. 32½	....	Regulus. 3h 55' le centre.	29. 22. 30.		141. 49. 40

ANNÉE 1744. JUIN.	TEMPS de la PENDULE.	TEMPS VRAI ou APPARENT.	ANNÉE M. DCCXLIV.	DISTANCES AU ZÉNIT observées.	DISTANCES AU ZÉNIT corrigées.	ASCENSION DROITE du bord de la LUNE.
	H. M. S.	H. M. S.		D. M. Part. Microm.	D. M. S.	D. M. S.
Le 15	11.57.40½	......	Paßage du 1er bord ⎱ du Soleil.　bord sup.	25.14.32½...	25.13.47½	
	11.59.58¼	......	2d bord ⎰	64.50 — 158½	25.14.00	
Le 17 au soir.	A Summervieux.	11.14.50	♃ touche la Lune. ⎱　Proche Bayeux.			Centre. ♎ 4.51.35
	Pour Paris.	11.16.56	Entrée totale.　♃ ♎ 4h 45' 12"½			
	ajoûtez 11.55	11.48.55	♃ totalement sorti.　Lunette 18 palmes.		Hauteur du Pole. 49.17.30	
Le 19 au soir.	7.53.22½	7.53.52½	Paßage du 1er bord de la Lune. 7h 54'⅙ bord sup.	60.44.52½...	64.44.07½	
	8.09.13½	......	Arcturus.　Corne inf.	61.15.37½		207.00.10
Le 20 au soir.	8.05.13½	......	Paßage d'Arcturus.　Diam. de la Lune.	32Révol.17½....	...31.00	
	8.36.24⅔	......	μ de la Balance.	61.54.55	61.54.10	219.34.45
	8.39.18½	8.39.39	1er bord de la Lune. 8h 40'⅔ bord sup.	66.16.50	66.16.05	
Le 21 au matin.	10.49.26¼	10.49.42½	Paßage de Venus.	26.52.27½...	26.51.42½	
	11.58.34½	......	1er bord ⎱ du Soleil.　bord sup.	25.08.00....	25.07.15	
	0.00.52¾	......	2d bord ⎰	64.50 + 97	25.07.17½	
au soir.	......	......	La pendule avancée de 40". à 9h. Diam. de la Lune	32Révol.01	...30.35	
	7.09.43½	......	Paßage de l'Épi de la Vierge	58.40.12½...	58.39.27½	
	8.01.53½	......	Arcturus. 1"¼ plus tôt que par 4 corref.	28.20.32½...	28.19.47½	
	8.33.04¼	......	μ de la Balance.	61.54.55	61.54.10	
	9.27.44¼	9.26.18	1er bord de la Lune.　bord sup.	70.55.30....	70.54.45	
	9.42.46¾	......	♂ du Scorpion.. à 70d 42'⅛. bord inf.	71.26.05....	71.25.20	232.32.50
Le 22	10.17.38	10.17.02	Paßage du 1er bord de la Lune.　le centre.	74.42½.....	74.42.00	246.04.25
Le 23 au soir.	7.53.52⅔	......	Paßage d'Arcturus le 25... à 7h 45' 49"⅓..	28.20.37½...	28.19.52½	260.03.52½
	8.42.04¼	......	γ de la Balance.	64.05.35....	64.04.50	
	11.00.16⅔	......	L'informe au sud de la Lune.　bord inf.	77.10.00....	77.09.15	
	11.09.26	11.10.11	Paß. du 1er bord de la Lune. 11h 10'½ bord sup.	76.40.00....	76.39.15	
	11.20.40½	......	L'informe P au de-là du Scorpion.	76.30.45....	76.30.00	260.03.45
	11.23.56	......	La suivante de deux Étoiles.　4.e grand.	79.14.50....	79.14.05	
	11.26.44	......	3.e grand.	76.00.22½....	75.59.37½	
Le 26 au matin.	0.38.20½	......	Paßage de la précédente.	75.07.30....	75.06.45	Centre. 288.44.05
	0.40.44¼	......	la plus vive ↓ du Sagittaire.	74.29.15....	74.28.30	
	0.46.09½	......	au haut de la tête.	71.40.45....	71.40.00	
	0.54.00	0.53.02½	Paßage du 1er bord ⎱ de la Lune.　bord sup.	76.46.55....	76.46.10	
	0.56.18	9.56.20½	2d bord ⎰　bord inf.	77.16.30....	77.15.45	
			Le 27 au matin. 29' 35".　Diam.	31Révol.01½.....	...29.37½	
Le 27 au matin.	1.41.14¼	......	Paßage de e du Capricorne.	68.43.40....	68.42.55	
	1.46.21½	1.45.20	2d bord de la Lune. 1h 44'¼ bord sup.	74.46.15....	74.45.30	
	1.51.48	......	o du Capricorne. à 68d¼ bord inf.	75.15.30....	75.14.45	
	1.59.10½	......	Celle qui précède ψ.	74.47.37½...	74.46.52½	302.27.05
	2.01.29½	......	la suivante.　3.e à 4.e grand.	73.30.		
	2.04.40	......	La précédente de celles qui suivent τ.			
	2.07.27½	......	4.e à 5.e grand.	65.32.50....	65.32.05	
	2.07.51	......	Une autre de la 4.e.	71.15.	Objectif de 8 0 pi.	
	0.01.03	......	Midi vrai par 3 hauteurs correspondantes.　Diam.	A S. Sulpice.	...31.33¾	
au soir.	7.37.40½	......	Paßage d'Arcturus.	28.20.35....	28.19.50	
Le 28 au matin.	2.33.35¾	2.32.30	Paßage du 2d bord de la Lune. 2h 32'½ bord sup.	71.40.00....	71.39.15	
	2.40.40¼	......	la première des deux qui précèdent ζ..	72.34.00....	72.33.15	
	2.41.48¾	......	La suivante.	72.38.45....	72.38.00	
	2.44.22½	......	ζ du Capricorne.	72.19.37½...	72.18.52½	315.18.10
	2.52.47½	......		70.02.17½...	70.01.32½	
	2.55.03¼	......	ι.	69.25.40....	69.24.55	
	2.57.13½	......	γ.	66.38.30....	66.37.45	
	3.00.39⅓	......	κ.	68.51.00....	68.50.15	
	3.05.13	......	δ.	66.06.45....	66.06.00	
	4.15.20½	......	Phomalhaut. . . Diam. de la Lune.	30Révol.37.....	...29.32½	
	4.24.10⅓	......	Markab ou α de Pégase.	35.02.07½...	35.01.22½	
			Hauteurs correspondantes du bord supér. du Soleil.			
Midi non corrigé.			au matin.　　　　　　　au soir.			
	0.01.05¼	......	9h 57'.35"½... 55d 00' 00"... 2h 04' 35"			
	0.01.06¼	......	10.01.23½... 55.30.00... 2.00.49			
	0.01.06	......	10.07.46¾... 56.20.00... 1.54.25¼			Lieu du Soleil. ⊗ 6.56.37
	0.01.07¼	......	Midi vrai... 0"¾ ou 0"½ plus tard qu'au mural.			

ANNÉE 1744. JUIN.	TEMPS de la PENDULE.	TEMPS VRAI ou APPARENT.	ANNÉE M. DCCXLIV.	DISTANCES AU ZÉNIT observées.	DISTANCES AU ZÉNIT corrigées.	ASCENSION DROITE du bord de la LUNE.
	H. M. S.	H. M. S.		D. M. Part. Micron.	D. M. S.	D. M. S.
Le 28	11.59.57½	. . . . .	Passage du 1er bord } du Soleil.　　　bord sup.	64.50.— 322½	25.18.17½	
	0.02.15½	. . . . .	2d bord }	25.18.50	25.18.05	
au soir.	7.33.36½	. . . . .	Passage d'*Arcturus*.	28.20.35	28.19.50	
Le 29 au matin.	2.56.35	. . . . .	Passage de x du *Capricorne*.　　Diam.	31 Révol. 00	. . . 29.35	327.33.05
	3.01.08½	. . . . .	♪	66.06.40	66.05.55	
	3.05.40½	. . . . .	5e grandeur.	68.38.00	68.37.15	
	3.18.23½	3.17.15	2d bord de la *Lune*. 3h 17½ bord sup.	67.26.07½	67.25.22½	
	4.11.25½	. . . . .	*Phomalhaut*	79.45.20	79.44.35	
	4.20.05½	. . . . .	α de *Pégase*.	35.02.02½	35.01.17½	327.33.25
			Hauteurs correspondantes du bord supér. du Soleil.			
	Midi non corrigé.	Correct. additive.	au matin.　　　　　　au soir.			
	0.01.08½	+ 1"¼	10h 01' 45"½ . . 55d 30' 00" . . . 2h 00' 30"¼			
	0.01.08¼	. . . . .	10.01.55¼ . . . + 51 . . 2.00.20¼			
	0.01.07¾	. . . . .	10.08.08⅓ . . 56.20.00 . . . . 1.54.07			
	0.01.07⅝	. . . . .	10.08.18½ . . . + 51 . . . 1.53.56½			Lieu du *Soleil*.
	0.01.09½	. . . . .	Midi vrai. . . . . précisément comme au mural.			♋ 7.53.37½
	0.00.01¼	. . . . .	Passage du 1er bord } du Soleil.　　bord sup.	64.50 — 440½	25.21.25	7.53.32½
	0.02.18½	. . . . .	2d bord }	25.22.00	25.21.15	
	Pass. au méridien.	. . . . .	Hauteurs correspondantes d'*Arcturus*.			
	7.29.33½	. . . . .	5h 46' 56"½ . . 55d 00' 00". : 9h 12' 10"¼			
	7.29.33::	. . . . .	5.47.06½ . . . + 50½ . . . 9.11.59½			
	7.29.32	. . . . .	5.51.16 . . . 55.30.00 . . . 9.07.48			
	7.29.32	. . . . .	Passage au Méridien. 1"⅓ plus tard qu'au mural.	61.40. — 9	28.19.57½	
	7.29.30½	. . . . .	Passage d'*Arcturus*.	28.20.32½	28.19.47½	
Le 30 au matin.	4.00.40¼	3.59.29	Passage du 2d bord de la *Lune*. 3h 59¼ bord sup.	62.32.37½	62.31.52½	
	4.16.00¼	. . . . .	*Markab* ou α de *Pégase*.	35.01.55	35.01.10	339.10.20
	11.56.27	. . . . .	*Sirius*. 3h 45'. Diam. de la *Lune*.	31 Révol. 9½	. . . 29.50	339.10.35
	0.01.12	. . . . .	Midi vrai par 5 hauteurs correspondantes. Diam.	33. 00	. . . 31.34½	
	0.00.03	. . . . .	Passage du 1er bord } du Soleil. centre 0h 01' 12".			
	0.02.21	. . . . .	2d bord }			
	Pass. au méridien.	. . . . .	Hauteurs correspondantes d'*Arcturus*.			
	7.25.25½	. . . . .	5h 54' 42"½ . . 56d 20' 00" . . . 8h 56' 8"½			
	7.25.25½	. . . . .	5.54.54 . . . + 50½ . . 8.55.57			Lieu du *Soleil*.
	7.25.26⅙	. . . . .	5.59.25⅓ . . . 56.50.00 . . . 8.51.27			10 à 15" plus avancé que felon les Tables.
	7.25.25¼	. . . . .	Passage au Méridien.	61.40. — 8	28.20.02½	
	7.25.25⅔	. . . . .	Passage d'*Arcturus*	28.20.32½	28.19.47½	♋ 8.50.50
JUILLET. Le 2 & 3.	5.21.35	5.20.20½	Passage du 2d bord de la *Lune*.　　le centre.	51.30.30	51.29.45	1.30.30
	6.02.29½	6.01.13½	2d bord de la *Lune*. 6h 01½ bord sup.	45.13.25	45.12.40	
		2.17⅔	Durée du Passage du *Soleil* au foyer de l'objectif fixé à 80 pieds à S. Sulpice ; elle étoit tant soit peu moins grande qu'au 27 Juin.			
au soir.	6.20.59⅔	. . . . .	Passage de l'*Épi de la Vierge*	58.20.15	58.19.30	
	7.13.09⅓	. . . . .	*Arcturus*	28.20.35	28.19.50	12.47.10
	8.30.07⅓	. . . . .	γ entre la *Balance* & le *Scorpion*. . . .	62.45.50	62.45.05	
Le 4	6.45.24½	6.44.07	Passage du 2d bord de la *Lune*.　　le bord sup.	39.09.50	39.09.05	24.33.57¼
		0.02.17⅔	Durée à S. Sulpice, comme hier. 31' 38"½.			
Le 5	7.31.46⅓	7.30.16½	Passage du 2d bord de la *Lune*. 7h 30'¾ bord sup.	33.20.47½	33.20.02½	
	9.23.50¾	. . . . .	*Aldebaran*.	32.53.45	32.53.00	37.12.45
	0.00.10¾	. . . . .	1er bord } du Soleil.　　Diam.	33 Révol. 00½	. . . 31.35½	
	0.02.28½	. . . . .	2d bord }			
Le 6	8.22.01½	8.20.41½	Passage du 2d bord de la *Lune*.　　le centre.	28.22.30	28.21.45	50.50.12½
Le 7	9.15.40½	. . . . .	Passage d'*Aldebaran*.			66.25.37½
au matin.	9.20.09	9.18.48	2d bord de la *Lune*. 9h 19' bord sup.	23.58.17½	23.57.32½	
	Pass. au méridien.	. . . . .	Hauteurs correspondantes d'*Arcturus*.			
	6.56.49	. . . . .	5h 15' 37"⅔ . . . 55d 10' 00" . . . 8h 38' 00"½			
	6.56.48½	. . . . .	5.15.48¾ . . . + 50½ . . . 8.37.48¼			
	6.56.48½	. . . . .	5.20.00⅓ . . . 55.40.02½ . . . 8.33.36⅔			
	6.56.48⅝	. . . . .	5.20.12⅔ . . . + 50½ . . . 8.33.24½			
	6.56.48¾	. . . . .	Passage au Méridien. la différ. 0".			
	6.56.48¾	. . . . .	Passage d'*Arcturus*			66.25.42½

ANNÉE 1744. JUILLET.	TEMPS de la PENDULE. *H. M. S.*	TEMPS VRAI ou APPARENT. *H. M. S.*	ANNÉE M. DCCXLIV.	DISTANCES AU ZÉNIT observées. *D. M. Part. Microm.*	DISTANCES AU ZÉNIT corrigées. *D. M. S.*	ASCENSION DROITE du bord de la LUNE. *D. M. S.*
Le 8 au matin.	9. 11. 35⅓	....	Passage d'*Aldebaran*.	32. 53. 47½	32. 53. 02½	83. 10. 42½
	9. 47. 59½	....	α de la *Chèvre*.	3. 10. 32½	— 47½	
	10. 22. 53½	10. 21. 32	2ᵈ bord de la *Lune*. le centre.	21. 44⅔	21. 43. 55	
	0. 00. 12⅓	....	1ᵉʳ bord } du *Soleil*.			
	0. 02. 29½	....	2ᵈ bord } Les Mires au Jardin du Roi.	33 Révol. 19	... 32. 01,8	
Le 12 au soir.	2. 34. 04½	2. 32. 46	Passage du 1ᵉʳ bord de la *Lune*. le centre.	32. 45. 00	32. 44. 15	
	6. 31. 21½	....	d'*Arcturus*. le 10 à 6ʰ 40' 26"¼.	28. 20. 32½	28. 19. 47½	150. 15. 40
Le 13	0. 00. 07½	....	Passage du 1ᵉʳ bord } du *Soleil*. Diam.	 3911	... 31. 38½	
	0. 02. 23½	....	2ᵈ bord } Lunette de 9 pieds. Au Jardin les Mires.	3961	... 32. 01,8	
Le 16	0. 02. 14	....	Passage du 2ᵈ bord du *Soleil*. Nouveau Micromètre.	 3908	... 31. 35½	
Le 18 au soir.	6. 14. 55½	....	Passage d'*Arcturus*.	28. 20. 35	28. 19. 55	228. 28. 30
	7. 24. 31½	7. 20. 29	1ᵉʳ bord de la *Lune*.... bord sup.	69. 48. 00	69. 47. 20	
			Aux deux Micromètres. 3797. le Diam.	32 Révol. 02½	... 30. 42½	
	8. 24. 13½	....	Passage d'*Antarès*.	74. 39. 25	74. 38. 45	228. 28. 25
Le 19 au soir.	0. 02. 53¼	....	Passage du 1ᵉʳ bord } du *Soleil*. Diam.	33 Révol. 01½	... 31. 39½	
	0. 05. 09	....	2ᵈ bord }			
	6. 10. 55½	....	*Arcturus*... 8ʰ¼. Diam. de la *Lune*.	31. 29½	... 30. 22½	241. 48. 50
	8. 13. 42	8. 09. 41	1ᵉʳ bord de la *Lune*. bord sup.	73. 38. 45	73. 38. 05	
Le 20 au soir.	0. 02. 52	....	Passage du 1ᵉʳ bord } du *Soleil*. bord sup.	27. 59. 57½	27. 59. 17½	Lieu du *Soleil*.
	0. 05. 08	....	2ᵈ bord } Diam.	 3909	... 31. 37½	☉ 27ᵈ 55' 30" plus avancé de 10" que selon les Tables.
	6. 06. 54⅓	....	*Arcturus*.	28. 20. 32½	28. 19. 52½	
	8. 14. 33½	....	τ d'*Hercule*.	1. 56. 25	an zénit 40	
	8. 46. 41½	....	Informe entre le *Scorpion* & le *Pied d'Ophiucus*.	73. 29. 57½	73. 29. 17½	
	8. 46. 53½	....	La suivante.	73. 23. 37½	73. 22. 57½	
	8. 50. 48¼	....	La plus vive à 76ᵈ 59'.. Diamètre de la *Lune*.	31. 19	... 30. 07½	256. 36. 15
	9. 04. 41¼	9. 00. 41½	1ᵉʳ bord de la *Lune*. bord sup.	76. 13. 45	76. 13. 05	
Le 23 au soir.	11. 23. 00⅔	....	Passage de celle qui précède la *Coupe du Sagittaire*.	78. 11. 27½	78. 10. 47½	☾ ☍ Centre.
	11. 28. 12½	....	α de l'*Aigle*.	40. 38. 55	40. 38. 15	297. 43. 30
	11. 30. 59½	....	b du *Sagittaire*.	76. 37. 45	76. 37. 05	
	11. 39. 30¼	11. 35. 40¼	1ᵉʳ bord } de la *Lune*. bord sup.	76. 02. 20	76. 01. 40	
	11. 41. 46½	11. 37. 57	2ᵈ bord }			
			Diamètre.	.... 36+2	... 29. 27½	
Le 24 au soir.	11. 18. 59½	....	Étoile de la troisième à quatrième grandeur.	78. 11. 27½	78. 10. 47½	
	11. 24. 11⅓	....	α de l'*Aigle*.	40. 38. 45	40. 38. 05	Centre.
	11. 27. 00½	....	b du *Sagittaire*.	76. 37 45	76. 37. 05	
	11. 29. 08¼	....	A.	75. 40. 25	75. 39. 45	
	0. 00. 11½	....	7ᵉ grandeur.	72. 02. 30	72. 01. 50	310. 50. 00
	0. 03. 18½	....	La plus vive & la suivante des deux.	74. 36. 00	74. 35. 20	
Le 25 au matin.	0. 27. 50⅔	0. 24. 04	Passage du 1ᵉʳ bord } de la *Lune*. } bord supérieur.	72. 40. 55	72. 40. 15	
	0. 30. 03⅓	0. 26. 16⅔	2ᵈ bord } } bord inférieur.	73. 10. 22½	73. 09. 42½	
	8. 05. 40½	....	*Aldebaran*.			
	10. 17. 50½	....	*Sirius*.	65. 13. 20	65. 12. 40	
au soir.	0. 04. 51	....	Passage du 2ᵈ bord du *Soleil*.			
	7. 54. 29	....	τ d'*Hercule*.	1. 56. 20	zénit — 0. 35	
	8. 23. 42¼	....	Passage d'une Étoile de la 3.ᵉ grandeur.	71. 32. 45	71. 32. 05	
	8. 26. 36½	....	la précédente.	73. 30. 00	73. 29. 20	
	8. 26. 48¼	....	la suivante aussi vive.	73. 23. 45	73. 23. 05	
	8. 30. 37½	....	4.ᵉ à 5.ᵉ grandeur.	76. 59. 05	76. 58. 25	
	8. 38. 40¼	....	4.ᵉ grandeur.	76. 13. 40	76. 13. 00	
	8. 41. 53½	....	L'informe *A*.	75. 01. 00	75. 00. 20	
	8. 42. 45½	....	La petite Étoile qui suit.	74. 58. 00	74. 57. 20	
	8. 48. 15	....	avant θ d'*Ophiucus*.	73. 26½		
	8. 48. 33	....	θ.	73. 32. 22½	73. 31. 42½	
			Celle qui précède *B*.	72. 48. 30	72. 47. 50	
	8. 53. 00::	....	*B* moins vive que θ.	72. 44. 15	74. 43. 35	
	8. 57. 27½	....	avant *C*.	72. 26. 15	76. 25. 35	
	8. 58. 01½	....	*C*.	72. 33. 40	72. 33. 00	

207ᵉ Lunaison.

E

ANNÉE 1744. JUILLET.	TEMPS de la PENDULE.	TEMPS VRAI ou APPARENT.	ANNÉE M. DCCXLIV.	DISTANCES AU ZÉNIT observées.	DISTANCES AU ZÉNIT corrigées.	ASCENSION DROITE du bord de la LUNE.
	H. M. S.	*H. M. S.*		*D. M. Part. Micron.*	*D. M. S.*	*D. M. S.*
Le 26 au matin.	1.07.23½	. . . .	Passage de γ du *Capricorne*	66.38.15 . . .	66.37.35	323.31.50
	1.09.50½	. . . .	x.	68.50.50	68.50.10	
	1.15.36	1.11.53½	Passage du 2ᵈ bord de la *Lune.* bord sup.	68.47.15	68.46.35	
	1.20.48½	. . . .	u du *Capricorne*	63.34.55	63.34.15	
	1.34.06¼	. . . .	α du *Verseau.*	50.24.22½	50.23.42½	
	4.25.00	. . . .	la *Polaire.*	50.50 + 259½	39.03.02	
	8.38.04½	. . . .	α de la *Chèvre.* au secteur 3ᵈ 09′ 45″	3.10.20	— 35	
	10.13.49½	. . . .	*Sirius*	65.13.20 . . .	65.12.40	
	0.02.32½	. . . .	Passage du 1ᵉʳ bord ⎱ du *Soleil.*			
	0.04.46½	. . . .	2ᵈ bord ⎰			
Le 27 au matin.	1.50.00¾	. . . .	Passage de f du *Verseau*	66.51.55 . . .	66.51.15	
	1.58.35¾	1.54.57½	2ᵈ bord de la *Lune.* 1ʰ 57′½ bord sup.	64.04.52½ . . .	64.04.12½	
	2.05.11	. . . .	7.ᵉ grandeur.	62.24.00 . . .	62.23.20	
	2.08.01½	. . . .	5.ᵉ grandeur.	64.50.45 . . .	64.50.05	
	2.10.53	. . . .	. . . .	66.18.50 . . .	66.18.10	
	2.11.24½	. . . .	τ la première moins vive	64.14.00 . . .	64.13.20	
	2.13.19⅔	. . . .	la plus brillante τ	63.46.20 . . .	63.45.40	335.19.00
	2.18.20	. . . .	♂ du *Verseau*	66.00.30 . . .	65.59.50	
	2.18.29	. . . .	la petite qui suit.	66.28½.		
	2.23.22½	. . . .	5.ᵉ à 6.ᵉ gr.	63.16.30 . . .	63.15.50	
	4.20.00	. . . .	la *Polaire.*	50.50 + 258		
au soir.	8.30.29	. . . .	Passage d'une informe moins vive que *A*	76.13.40 . . .	76.13.00	
	8.33.51½	. . . .	*A* d'*Ophiucus.* . . . . . 3.ᵉ grand.	75.01.00 . . .	75.00.20	
	8.33.44½	. . . .	la suivante. . . . . 6.ᵉ grand.	74.53.00 . . .	74.52.20	
	8.35.59	. . . .	une autre. . . . . 6.ᵉ grand.	75.17½.		
	8.41.28	. . . .	5.ᵉ grand.	76.40.37½ . . .	76.39.57½	
	8.45.17½	. . . .	5.ᵉ à 6.ᵉ grand.	74.30.30 . .	74.29.50	
Le 28 au matin.	2.35.43⅓	. . . .	Passage de la précédente ♀ du *Verseau.*	59.19.15 . . .	59.18.35	346.52.07½
	2.39.41¼	2.36.09	2ᵈ bord de la *Lune.* 2ʰ 38′ bord sup.	58.46.07½ . . .	58.45.27½	
	2.43.42½	. . . .	6.ᵉ gr. à 58ᵈ 42′ 07″½. bord inf.	59.16.20 . . .	59.*15.40	
	4.15½. . .	. . . .	la *Polaire.*	50.50 + 258½	39.03.03½	
	4.43.00	. . . .	♂ de *Cassiopée.*	80.00.2½—60	11.01.20	
	5.25.38¼	. . . .	Passage de α du *Bélier*	26.37.45 . . .	26.37.05	
Le 29 au matin.	3.14.41⅓	. . . .	Passage de la 1.ʳᵉ & boréale du *Quadrilatère.*	53.50		357.40.02½
	3.17.56¼	. . . .	La précédente des deux australes. . . . bord inf.	53.33.00 . . .	53.32.20	
	3.19.43½	3.16.18	Pass. du 2ᵈ bord de la *Lune.* 3ʰ 18′⅔ bord sup.	53.03.30 . . .	53.02.50	
	3.21.20	. . . .	La suivante des australes du *Quadrilatère.* à 56ᵈ			
	3.23.43	. . . .	La précédente des trois en ligne droite.	52.51.		
	3.25.54½	. . . .	Celle qui suit. . . . . . . 6.ᵉ grand.	52.50.15 . . .	52.49.35	
	4.10.00	. . . .	γ de *Cassiopée*	79.40 — 278	10.27.06½	
	4.38.20	. . . .	♂	80.00 — 57	10.01.17	
	5.21.38½	. . . .	Passage de α du *Bélier.*	26.37.45 . . .	26.37.05	
	10.01.47	. . . .	*Sirius*	65.13.35 . . .	65.12.45	
	0.02.14¼	. . . .	Passage du 1ᵉʳ bord ⎱ du *Soleil.*			
	0.04.29	. . . .	2ᵈ bord ⎰			
Le 30 au matin.	3.10.41½	. . . .	Passage de la première du *Quadrilatère.*	53.49.30 . . .	53.48.50	369.41.42½
	3.13.55½	. . . .	La précédente des deux australes.	56.16.55 . . .	56.16.15	
	3.17.19	. . . .	La suivante.			
	3.25.46½	. . . .	Passage de la précédente des deux Étoiles. 5.ᵉ gr.	48.53.30 . . .	48.52.50	
	3.26.35	. . . .	La suivante.	48.59.00 . . .	48.58.20	
	3.29.43	. . . .	4.ᵉ grand.	48.35.20 . . .	48.34.40	
	3.31.52	. . . .	5.ᵉ grand.	48.42.20 . . .	48.41.40	
	3.36.28	. . . .	6.ᵉ grand.	35.58.00 . . .	35.57.20	
	3.44.15¼	. . . .	Celle qui suit d du lien des *Poissons*	43.19.05 . . .	43.18.25	
	3.59.46¼	3.56.28	Passage du 2ᵈ bord de la *Lune.* 3ʰ 58′½ bord sup.	47.06.40 . . .	47.06.00	
	4.07.00	. . . .	Au nord. 79ᵈ 50′ — 659½ part. 4.00¼ bord inf.	47.36.30.	10.27.09½	
	4.11. . . .	. . . .	la *Polaire.*	50.50 + 261	39.02.59	
	4.34¾ . .	. . . .	♂ de *Cassiopée.*	79.50 + 321	10.01.20	
	7.45.37	. . . .	Passage d'*Aldebaran.*	32.53.42½ . . .	32.53.02½	
	8.22.01¼	. . . .	α de la *Chèvre.*	3.10.25 . . .	3.09.45	

ANNÉE 1744. JUILLET.	TEMPS de la PENDULE.	TEMPS VRAI ou APPARENT.	ANNÉE M. DCCXLIV.	DISTANCES AU ZÉNIT observées.	DISTANCES AU ZÉNIT corrigées.	ASCENSION DROITE du bord de la LUNE.
	H. M. S.	H. M. S.		D. M. Part. Microm.	D. M. S.	D. M. S.
Le 31 au matin.	4.41.02	4.37.52	Passage du 1d bord de la *Lune.* 4h 40'½ bord sup.	41.08.05	41.07.25	
	5.13.36	....	α du *Bélier*	26.37.35	26.36.55	20.03.00
				63.20 + 106½	26.37.01	
AOÛT. Le 1 au matin.	5.09.34⅔	....	Passage de la *Luisante du Bélier*	26.37.40	26.37.00	32.02.32½
	5.24.51½	5.21.50	2d bord de la *Lune.* 5h 24'. bord sup.	35.19.45	35.19.05	
	7.37.34⅐	....	*Aldebaran.* 5h 26' le centre.	35.35.00	35.34.20	32.02.37½
	8.13.59½	....	α de la *Chèvre.* 86d 49' 57"¼ ...	3.10.27½		
Le 3 au matin.	7.05.29	7.02.49	Passage du 1er bord de la *Lune,* 7h 4'½ bord sup.	25.27.30	25.26.50	
	7.29.32½	....	*Aldebaran*	32.53.40	32.53.00	59.16.30
	0.03.44½	....	2d bord du *Soleil.* à 31d 27'½.			
Le 4		Therm. 18d	Le Curseur du Micromètre a parcouru au Jardin..	33 Révol. 14½ ...	.. 32.02	
Le 6 au matin.	7.17.29½	....	Passage d'*Aldebaran*	32.53.40	32.53.00	109.24.55
	7.53.54½	....	α de la *Chèvre.* ... 3d 10' 25" ou	3.10.27½	... — 42½	
			au quart-de-cercle mobile.	86.49.57½ ...	... — 20	
	10.13.26⅓	10.11.18¼	Passage du 2d bord de la *Lune.* bord inf.	22.10.00	22.09.20	
	10.21.35	....	Passage de *Procyon*	43.00.00	....	109.25.12½
	0.00.58⅔	....	Passage du 1er bord } du *Soleil.* à 34d⅓.			
	0.03.11	....	2d bord }			
au soir.	8.00.18½	....	θ d'*Ophiucus*	73.32.12½	73.31.32½	
	8.04.45⅔	....	*B.*	72.44.12½	72.43.32½	
	8.09.48¼	....	*C.*	72.33.45	72.33.05	
	8.26.15	....	Étoile de la 4.e grandeur.	71.11.00	71.10.20	
	8.33.03¾	....	La plus vive avant la nébuleuse ou amas	73.37.40	73.37.00	
	8.36.31½	....	3.e à 4.e grand.	78.59.30	78.58.50	
	8.38.04½	....	La première des Étoiles de l'amas... 5.e grand.	72.35.15	72.34.35	
	8.38.24½	....	La suivante. 7.e grand.	73.04.10	73.03.30	
	8.41.04	....	La première de deux autres contiguës. 7.e grand.	73.04.25	73.03.45	
	8.42.05	....	La suivante. 7.e grand.	73.09.40	73.09.00	
	8.47.25	....	γ de la flèche du *Sagittaire*	79.31.45	79.31.05	
	8.52.19½	....	μ.	69.35.45	69.35.05	
	8.53.49	....	la suivante	69.36.30	69.35.50	
	9.11.23	....	la précédente de 4 Étoiles.....	73.05.30	73.04.50	
	9.12.03	....	la plus vive. ... 4.e grand.	73.01½.		
	9.16.44	....	L'orientale d'un triangle isocèle	72.31.00	72.30.20	
	9.17.18	....	La suivante de deux autres Étoiles..	73.00.::		
	9.33.07½	....	σ du *Sagittaire*	75.24.00	75.23.20	
	9.44.38½	....	τ	76.49.27½	76.48.47½	
Le 7 au matin. au soir.	7.13.24⅓	....	Passage d'*Aldebaran* ...... α de la *Chèvre.*	93.09.55.		
	0.00.43⅓	....	Pass. du 1er bord du *Soleil.* Diam. 2'12"⅛ bord inf.	32.49.00	32.48.20	
	4.54.31⅔	....	*Arcturus.*	28.20.30	28.19.50	
	7.03.48½	....	*Antarès.*	74.39.30	74.38.50	
	7.56.13½	....	θ d'*Ophiucus.*	73.32.22½ ...	73.31.42½	
	8.00.39½	....	*B* moins brillante que θ	72.44.15	72.43.35	
	8.05.45	....	5.e grand.	74.51.45	74.51.05	
	8.17.58	....	4.e grand.	70.21.40	70.21.00	
	8.21.17½	....	L'informe *P*	76.30.50	76.30.10	
	8.22.20½	....	3.e à 4.e grand.	80.22.15	80.21.35	
	8.28.58½	....	5.e à 6.e.	73.37.37½ ...	73.36.57½	
	8.31.19	....	6.e.	72.41.45	72.41.05	
	8.33.59½	....	4.e.	72.35.12½ ...	72.34.32½	
	8.35.17::	....	7.e.	73.03.15	73.02.35	
	8.36.58½	....	La précédente de la nébuleuse ou amas. 5.e grand.	73.04.30	73.03.50	
	8.39.15	....	L'une des dernières de l'amas ..... 7.e grand.	73.12.30 ::		
	8.45.27½	....	Celle qui suit γ .... 3.e à 4.e grand.	77.43.45	77.43.05	
	8.51.07½	....	La dernière μ ou pointe du triangle......	69.26.00	69.25.20	
	8.54.19½	....	δ du *Sagittaire*	78.42.25	78.41.45	
	9.01.54½	....	λ.	74.21.10	74.20.30	
	9.03.18¼	....	Celle qui suit ..... 5.e à 6.e grand.	74.12.30	74.11.50	
	9.07.57½	....	La plus brillante de cinq Étoiles.	73.01.12½ ...	73.00.32½	
	9.10.22::	....	La nébuleuse. Asc. droite appar. 275d 11' 00".	72.55.		
	9.40.33½	....	τ du *Sagittaire*	76.49.15	76.48.35	

208e *Lunaison.*

ANNÉE 1744. AOÛT.	TEMPS de la PENDULE.	TEMPS VRAI ou APPARENT.	ANNÉE M. DCCXLIV.	DISTANCES AU ZÉNIT observées.	DISTANCES AU ZÉNIT corrigées.	ASCENSION DROITE du bord de la LUNE.
	H. M. S.	H. M. S.		D. M. Part. Microm.	D. M. S.	D. M. S.
Le 8 au matin.	7. 09. 19½	. . . . .	Passage d'*Aldebaran*. . . . . α de la *Chèvre*.	93. 10. 00.		
	0. 00. 25⅓	. . . . .	1er bord } du *Soleil*. bord sup.	57. 20. 12⅓ +220½	32. 33. 47½	
	0. 02. 37½	. . . . .	2d bord }	32. 34. 15	32. 33. 35	
	Midi non corrigé.	*Si la corr.* +12	Hauteurs correspondantes du bord supér. du *Soleil.* au matin. au soir.			
	0. 01. 21½	. . . . .	8^h 46' 43"½ .. 39^d 00' 02"½ .. 3^h 15' 59"½			
	0. 01. 21½	. . . . .	8. 50. 02⅓ .. 39. 30. 05 ... 3. 12. 40½			
	0. 01. 21¾	. . . . .	8. 55. 34½ .. 40. 20. 00 ... 3. 07. 09			
	0. 01. 21½	. . . . .	9. 00. 02¾ .. 41. 00. 00 ... 3. 02. 40¼			
	0. 01. 33⅓	. . . . .	Midi vrai . . . . 2" plus tard qu'au mural.			
au soir.	6. 59. 43½	. . . . .	Passage d'*Antarès*.	74. 39. 30	74. 38. 50	
Le 9 au matin.	7. 05. 13½	. . . . .	Passage d'*Aldebaran*.	57. 10 — 123	32. 53. 05	
			α de la *Chèvre*.	86. 50. 00.	au zénit — 20	
au soir.	0. 00. 06½	. . . . .	Passage du 1er bord } du *Soleil*. bord sup.	57. 10 02½ —47		
	0. 02. 19	. . . . .	2d bord }	32. 51. 45	32. 51. 05	
	1. 13. 20	1. 12. 06	1.er bord de la *Lune*. le centre.	36. 05		157. 36. 15
	4. 46. 19¾	. . . . .	*Arcturus*.	15. 20. +28	74. 39. 15	157. 36. 30
	6. 55. 36¼	. . . . .	*Antarès*.	74. 39. 30	74. 38. 50	
	9. 10. 34	. . . . .	3.e à 4.e grand.	74. 03. 30	74. 02. 50	
	9. 15. 14½	. . . . .	Étoiles de la nébuleuse, ou amas . . . 4.e grand.	67. 41. 30	67. 40. 50	
	9. 15. 17½	. . . . .				
	9. 19. 35	. . . . .	. . . .	67. 45. 10	67. 44. 30	
	9. 20. 49¾	. . . . .	ϖ du *Sagittaire*.	75. 24. 02½ . . .	75. 23. 22½	
	9. 29. 10½	. . . . .	4.e à 5.e grand.	29. 24. 00	29. 23. 20	
	9. 31. 26	. . . . .	5.e grand.	29. 54. 00	29. 53. 20	
	9. 33. 15	. . . . .	. . . .	29. 33. 25	29. 32. 45	
	9. 35. 11½	. . . . .	L'australe (la boréale suit de 3"½) . . . 6.e grand.	30. 05. 15	30. 04. 35	
Le 13 au soir.	4. 29. 17½	4. 29. 25::	Passage du 1er bord de la *Lune*. 4h 31' bord sup.	63. 04. 30	63. 03. 50	
	7. 48. 17⅔	. . . . .	ξ du *Serpent*.	64. 03. 15	64. 02. 35	210. 52. 00
	7. 53. 25⅓	. . . . .	. . . .	70. 21. 40	70. 21. 00	
	7. 58. 21	. . . . .	4.e à 5.e grand.	63. 26. 50	63. 26. 10	
Le 14 au soir.	5. 21. 15	5. 17. 37½	Passage du 1er bord de la *Lune*. 5h 22'¼ bord sup.	68. 27. 07½	68. 26. 27½	
	6. 39. 12¼	. . . . .	*Antarès*.	74. 39. 22½	74. 38. 42½	223. 54. 00
Le 15 au matin.	6. 44. 44½	. . . . .	Passage d'*Aldebaran* , ...	32. 53. 35	32. 52. 55	
	7. 21. 19¼	. . . . .	α de la *Chèvre*.	3. 10. 30	. . . — 45	
	8. 56. 53⅔	. . . . .	*Sirius*.	65. 13. 15	65. 12. 35	
	0. 02. 13½	. . . . .	Passage du 1er bord } du *Soleil* à 35d.			
	0. 04. 24¾	. . . . .	2d bord }			
Le 16 au soir.	7. 01. 34½	6. 58. 40	Passage du 1er bord de la *Lune*. bord sup.	75. 45. 22½ . . .	75. 44. 42½	
	7. 27. 55½	. . . . .	B d'*Ophiucus* à 72d 44' 15". inf.	76. 15. 30	76. 14. 50	251. 05. 35
Le 17 au soir.	7. 23. 50¾	. . . . .	Passage de B au pied d'*Ophiucus*. inf.	77. 52. 32½ . . .	77. 51. 52½	265. 10. 05
	7. 53. 35¾	7. 51. 03	1er bord de la *Lune*. bord sup.	77. 22. 37½ . . .	77. 21. 57½	
	8. 01. 37½	. . . . .	la précédente & la plus vive. 3.e gr.	78. 21. 40	78. 21. 00	
	8. 06. 31⅔	. . . . .	Étoile sur la flèche du *Sagittaire*. . . . 3.e gr.	79. 31. 55	79. 31. 15	
	8. 08. 39½	. . . . .	la suivante de la 4.e à 5.e grandeur.	77. 43. 45	77. 43. 05	
Le 18 au soir.	0. 03. 21⅓	. . . . .	Passage du 2d bord du *Soleil.*			
	8. 38. 25⅐	. . . . .	φ du *Sagittaire*.	76. 02. 00	76. 01. 20½	279. 15. 37½
	8. 45. 45⅓	8. 43. 34½	1.er bord de la *Lune*. . le bord sup.	77. 33. 02½ . . .	77. 32. 22½	
	8. 59. 39½	. . . . .	τ	76. 49. 30	76. 48. 50	279. 15. 27½
Le 19 au soir.	0. 00. 48½	. . . . .	Passage du 1er bord } du *Soleil*. à 36d¼.			
	0. 02. 58¾	. . . . .	2d bord }			
	8. 55. 35½	. . . . .	τ du *Sagittaire*.	76. 49. 35	76. 48. 55	293. 04. 35
	9. 36. 48¾	9. 35. 00½	1er bord de la *Lune*. bord sup.	76. 18. 45	76. 18. 05	
			Diam. à 9h½ 29' 35". bord inf.	76. 48. 25	76. 47. 45	
	9. 44. 47¾	. . . . .	Passage de la moins vive des quatre ω.	75. 45. 55	75. 45. 15	
	9. 45. 42¼	. . . . .	b du *Sagittaire*.	76. 37. 52½ . . .	76. 37. 12½	
	9. 47. 49½	. . . . .	A	75. 40. 30	75. 39. 50	
	9. 51. 21½	. . . . .	C	77. 12. 00	77. 11. 20	

Année 1744. Août.	Temps de la Pendule.	Temps vrai ou apparent.	Année M. DCCXLIV.	Distances au Zénit observées.	Distances au Zénit corrigées.	Ascension droite du bord de la Lune.
	H. M. S.	H. M. S.		D. M. Part. Microm.	D. M. S.	D. At. S.
Le 21 au soir.	8. 47. 25½	....	Passage de τ du *Sagittaire*.	76. 49. 20	76. 48. 40	
	9. 04. 13½	....	A de l'*Aigle*.	36. 56. 30	36. 55. 50	
	11. 12. 09	11. 11. 12	Passage du 1ᵉʳ bord } de la *Lune*. { bord supérieur.	70. 38. 57½	70. 38. 17½	
	11. 14. 18½		2ᵈ bord } { bord inférieur.	70. 09. 07½	70. 08. 27½	
	11. 18. 46⅔	....	ε du *Capricorne*.	69. 25. 30	69. 24. 50	319. 01. 27½
	11. 24. 23	....	x.	68. 50. 47½	68. 50. 07½	319. 01. 20
			Diamètre de la *Lune*.	30 Révol. 38	... 29. 37½	
Le 25 au matin.	1. 20. 01	1. 20. 17½	Passage du 2ᵈ bord de la *Lune*. le centre.	55. 01. 30	55. 00. 50	
	1. 29. 02½	....	La première du *Quadrilatère* sous le *Poisson boréal*.	53. 49. 25	53. 48. 45	
	1. 32. 17	....	La plus méridionale du *Quadrilatère*.	56. 16. 50	56. 16. 10	354. 08. 40
	1. 35. 40¼	....	La deuxième méridionale.	55. 59. 05	55. 58. 25	
	1. 40. 38⅓	....	La précédente des deux. 7.ᵉ grandeur.	55. 31. 07½	55. 30. 27½	
	11. 58. 25½	....	Passage du 1ᵉʳ bord } du *Soleil*.			
	0. 00. 35½	....	2ᵈ bord }			
Le 26 au matin.	1. 18. 58½	....	Passage de φ de *Pégase*.	31. 09. 30	31. 08. 50	
	1. 24. 59	....	La première du *Quadrilatère*.	53. 49. 20	53. 48. 40	5. 10. 15
	1. 28. 06½	....	La deuxième boréale.	53. 18. 05	53. 17. 25	
	1. 28. 20	....	Celle qui suit. 7.ᵉ grand.	53. 03. 00	53. 02. 20	
	1. 31. 37½	....	La quatrième & orientale du *Quadrilatère*.	55. 59. 05	55. 58. 25	
	1. 36. 34¾	....	...	55. 31. 00	55. 30. 20	
	1. 40. 49½	....	χ proche la main d'*Andromède*.	30. 04. 45	30. 04. 05	
	1. 59. 57⅔	2. 00. 38½	2ᵈ bord de la *Lune*. 1ʰ 59' bord sup.	48. 50. 15	48. 49. 35	
			Diam. 30' 20". 1ʰ 59'⅔ inf.	49. 20. 22½	49. 19. 42½	
	2. 12. 02	....	Passage de la suivante & boréale des deux. 7.ᵉ gr.	49. 40. 15	49. 39. 35	
	2. 16. 04¼	....	Étoiles au dessus de la *Baleine*. 4.ᵉ grand.	50. 28. 15	50. 27. 35	
	2. 19. 11½	....	3.ᵉ grand.	51. 23. 20	51. 22. 40	
	2. 44. 42½	....	υ du *Poisson boréal*.	22. 57. 25	22. 56. 45	
	2. 48. 39½	....	la plus vive des deux à 45ᵈ⅔.			
	2. 53. 14½	....	aussi vive	44. 49. 45	44. 49. 05	
	2. 55. 58½	....	μ du lien des *Poissons*.	44. 02. 15	44. 01. 35	
	3. 31. 55	....	α du *Bélier*.	26. 37. 30	26. 36. 50	
	3. 35. 48	....	La suivante des deux.	24. 09. 05	24. 08. 25	
	3. 40. 16	....	La 20ᵉ du Catalogue de *Flamsteed*.	24. 17. 07½	24. 16. 27½	
	4. 45. v···	....	Au nord. α de *Persée*.	90. 03. 25		
	9. 03. 59½	....	Passage de *Procyon*.	43. 00. 00	42. 59. 20	
Le 28 au soir.	8. 07. 22½	....	Passage de σ du *Sagittaire*.	75. 24. 00	75. 23. 40	
	8. 18. 53½	....	τ	76. 49. 30	76. 48. 50	
Le 30 au matin.	4. 58. 15¼	5. 01. 02	Passage du 2ᵈ bord de la *Lune*. bord sup.	26. 43. 30	26. 42. 50	53. 57. 10
	5. 43. 35⅔	....	*Aldebaran*. 32ᵈ 53' 40". Diam.	33 Révol. 02	... 31. 37½	
	8. 47. 39½	....	*Procyon*.	43. 00. 00	42. 59. 20	53. 57. 10
	11. 58. 24½	....	Passage du 2ᵈ bord du *Soleil*. bord sup.	39. 45. 45	39. 45. 05	
Le 31 au soir.	3. 20. 35¼	....	Passage d'*Arcturus*.	28. 20. 30	28. 19. 50	
	7. 55. 07⅔	....	σ du *Sagittaire*	75. 24. 00	75. 23. 20	
	8. 01. 58½	....	ζ	79. 00. 35	78. 59. 55	
	8. 06. 38½	....	τ	76. 49. 30	76. 48. 50	
	8. 11. 47	....	Étoile de la 5.ᵉ grandeur	24. 59. 40	24. 59. 00	
Sept. Le 1 au matin.	3. 15. 48	....	Passage de la 20.ᵉ constellation du *Bélier*.	24. 17. 10	24. 16. 30	
	4. 20. 36	....	α de *Persée*. Au nord.	0. 02. 50	au zénit — 42½	
		4. 50. 00	Diam. de la *Lune*.	33 Révol. 37	... 32. 27½	
	5. 35. 24½	....	*Aldebaran*. 32ᵈ 53' 35"	57ᵈ 09' 50" — 104	32. 52. 45	84. 39. 10
	6. 52. 32½	6. 56. 01	2ᵈ bord de la *Lune*. bord sup.	20. 58. 40	20. 58. 00	
			6ʰ 53'... 68ᵈ 30 — 36ᵖᵃʳᵗ. inf.	21. 31. 17½	21. 30. 37½	
	8. 39. 29⅔	....	*Procyon*. 47. 00 + 23½.	43. 00. 00	42. 59. 20	84. 39. 00
Le 2 au matin.	7. 43. 29⅔	....	Passage de *Sirius*.	65. 13. 10	65. 12. 30	
	7. 55. 27¼	7. 59. 24	2ᵈ bord de la *Lune*. 7ʰ 54'½ bord inf.	21. 21. 47½	21. 21. 07½	
	8. 35. 25⅓	....	*Procyon*. 43ᵈ 00' 00".	47. 00. + 18½	42. 59. 22½	101. 26. 45
	11. 54. 53¼	....	1ᵉʳ bord } du *Soleil*. bord sup.	40. 51. 10	40. 50. 30	
	11. 57. 02	....	2ᵈ bord }			
au soir.	3. 12. 26½	....	*Arcturus*. 28ᵈ 20' 30".	61. 40. 00	28. 19. 51	Lieu du *Soleil*.
	8. 45. 45¼	....	α de l'*Aigle*. Erreur des Tables 50".	40. 38. 45	40. 38. 05	♍ 10. 14. 00

209.e Lunaison.

ANNÉE 1744. SEPT.	TEMPS de la PENDULE.	TEMPS VRAI ou APPARENT.	ANNÉE M. DCCXLIV.	DISTANCES AU ZÉNIT observées.	DISTANCES AU ZÉNIT corrigées.	ASCENSION DROITE du bord de la LUNE.
	H. M. S.	H. M. S.		D. M. Part. Microm.	D. M. S.	D. M. S.
Le 7 au soir.	7. 44. 19½	....	Passage de τ du *Sagittaire*	76. 49. 27½ ...	76. 48. 47½	
	7. 49. 29½	....	Étoile de la 5.e grandeur......	24. 59. 35	24. 58. 55	
	7. 51. 28½	....	6.e grand.	25. 04. 30 ...	25. 03. 50	
Le 8	*Midi non corrigé.*		Hauteurs correspondantes du bord supér. du *Soleil.*			
			au matin. au soir.			
	11. 59. 10¼	+ 16	9^h 49 49"½ .. 38^d 59' 47"¼ .. 2^h 08' 31"			
	11. 59. 10	....	9. 50. 12½ .. + 100^P .. 2. 08. 07½			
	11. 59. 11½	....	9. 54. 23 ... 39. 30. 00 .... 2. 03. 59½			
	11. 59. 10¾	....	9. 54. 46½ .. + 100 ... 2. 03. 35			
	11. 59. 26¼	....	Midi vrai ... 1"¾ ou 2" plus tard qu'au mural.			
	11. 58. 20¼	....	Passage du 1er bord } du *Soleil.* bord sup.	43. 05. 20	43. 04. 40	
	0. 00. 29¼	....	2d bord }			
Le 10 au soir.	3. 14. 35½	3. 16. 17½	Passage du 1er bord de la *Lune.* bord sup.	66. 25. 05	66. 24. 25	
	7. 32. 22½	....	Informe sur la tête du *Sagittaire*...	64. 51. 30	64. 50. 50	218. 08. 00
	7. 34. 19½	....	Étoile sous ζ de l'*Aigle.*	38. 09. 50	38. 09. 10	
	7. 45. 40½	....	la précédente de l'*Aile de l'Oie* ...	28. 03. 45	28. 03. 05	
Le 13 au soir.	11. 56. 01½	....	Passage du 1er bord } du *Soleil.* bord sup.	44. 59. 42½ ...	44. 59. 02½	
	11. 58. 10	....	2d bord }			
	5. 49. 22½	5. 52. 21½	1er bord de la *Lune.* bord sup.	77. 08. 25	77. 07. 45	
			Diam. 31 Révol. 21 part. = 30' 10"	12. 50 + 71½		
	6. 33. 49½	....	δ de l'arc du *Sagittaire*	78. 42. 15	78. 41. 35	260. 00. 47½
Le 14 au soir.	11. 55. 32¼	....	Passage du 1er bord } du *Soleil.*			
	11. 57. 40¾	....	2d bord }	11^d 20' 05" — 72		
	6. 29. 45¼	....	δ de l'arc du *Sagittaire*......	78. 42. 15	78. 41. 35	274. 18. 50
	6. 42. 20¾	6. 45. 50	1er bord de la *Lune.* bord sup.	77. 49. 20	77. 48. 40	
			Diam. 31 Rév. 14 part. = 30'00" inf.	78. 19. 25	78. 18. 45	
	7. 11. 18¾	....	Passage de ζ du *Sagittaire*.........	79. 00. 40	79. 00. 00	
	7. 15. 58½	....	τ	76. 49. 25	76. 48. 45	
Le 15	11. 56. 07¼	....	Passage du *Soleil* en 2' 08".			
Le 19 au soir.	11. 53. 02¼	....	Passage du 1er bord }			
	11. 55. 10¼	....	2d bord } du *Soleil.* bord sup.	47. 18. 52½ ...	47. 18. 12½	
	2. 09. 32¼	....	*Arcturus.* Diam. 29' 52"½	28. 20. 32½ ...	28. 19. 52½	338. 36. 00
	10. 38. 26	10. 44. 29	Pass. du 1er bord de la *Lune.* 10^h 39'½. bord sup.	62. 49. 30	62. 48. 50	
	10. 44. 01½	....	au genou d'*Aquarius* ... 4.e grand.	61. 48. 30	61. 47. 50	
	10. 47. 23¾	....	*Fomalhaut*	79. 45. 15	79. 44. 35	
Le 20	11. 53. 37½	....	Passage du *Soleil* en 2' 08"½.			
Le 22 au matin.	7. 20. 17¼	....	Passage de *Procyon*	43. 00. 00	42. 59. 20	♍ 29. 43. 59 plus avancé de 33" que selon les Tables.
	Midi non corrigé.		Hauteurs correspondantes du bord supér. du *Soleil.*			
			au matin. au soir.			
	11. 52. 22⅛	+ 18½	9^h 11' 16" ... 30^d 30' 00" .. 2^h 33' 28"¼			
	11. 52. 22⅛	....	9. 13. 00 .... 30. 50. 00 ... 2. 30. 44¼			
	11. 52. 22¼	....	9. 16. 44¼ ... 31. 10. 00 ... 2. 28. 00			
	11. 52. 22⅜	....	9. 19. 31 .... 31. 30. 00 .... 2. 25. 14			
	11. 52. 40½	....	Midi vrai........ 3" plus tard qu'au mural.	41. 30 + 40	48. 28. 50	
	11. 51. 33½	....	Passage du 1er bord }			
	11. 53. 41½	....	2d bord } du *Soleil.* bord sup.	48. 29. 12½ ...	48. 28. 32½	
au soir.	*Pass. au méridien.*		Hauteurs correspondantes de la *Luisante de la Lyre.*			
			A l'Orient. A l'Occident.			
	6. 20. 50½	....	5^h 15' 23"¼ .. 74^d 20' + 50^P 7^h 26' 16"¼			
	6. 20. 50⅜	....	5. 20. 16¼ .. 75. 00. 00 . 7. 21. 24½			
	6. 20. 50¼	....	5. 20. 26¼ ... + 50 7. 21. 13⅓			
	6. 20. 50⅜	....	5. 24. 09¼ .. 75. 30. 00 .. 7. 17. 30½			
	6. 20. 50½	....	Passage au Méridien.	....	....	Lieu du Soleil. ♍ 29^d 44' 12"½
	6. 20. 49⅔	....	Passage de la *Lyre.* ..... 0" 35'" trop tôt.	10. 18. 30	10. 17. 50	
	6. 31. 49	....	ε du *Sagittaire*........	75. 24. 00	75. 23. 20	
	6. 34. 53	....	ξ.	70. 14. 45	70. 14. 05	
	6. 38. 41	....	ζ	79 00. 37½ ...	78. 59. 57½	
	6. 43. 20	....	τ	76. 49. 25	76. 48. 45	
	6. 46. 07½	....	ζ de l'*Aigle.*.......	35. 21. 30	35. 20. 50	

ANNÉE 1744. SEPTEMB.	TEMPS de la PENDULE	TEMPS VRAI ou APPARENT	ANNÉE M. DCCXLIV.	DISTANCES AU ZÉNIT observées.	DISTANCES AU ZÉNIT corrigées.	ASCENSION DROITE du bord de la LUNE.
	H. M. S.	H. M. S.		D. M. Part. Microm.	D. M. S.	D. M. S.
Le 23 au matin.	0. 25. 52½	....	Étoile du Lien entre δ & ε ... (Diam. 30′ 40″)	43. 30. 52½	43. 30. 12½	Centre. 12. 27. 15
	0. 26. 57	....	La suivante & la plus vive δ. . 3.e à 4.e grand.	42. 40. 00	42. 39. 20	
	0. 40. 13½	0. 47. 48½	Passage du 1er bord } de la Lune. { bord sup.	44. 41. 45	44. 41. 05	
	0. 42. 18	0. 49. 53	2d bord } { bord inf.	45. 12. 25	45. 11. 45	
	0. 46. 40⅔	....	La dernière e du Lien ...... 4.e grand.	44. 33. 45	44. 33. 05	
	0. 51. 51	....	La précédente & la plus vive........	42. 38. 30	42. 37. 50	
	0. 51. 52	....	La boréale & suivante.	42. 38. 40	42. 38. 00	
	0. 56. 57½	....	υ du Poisson boréal.	22. 57. 12½	22. 56. 32½	
	7. 16. 14	....	Procyon ...... 43d 00′ 00″	47. 00 + 21½	42. 59. 18½	
	11. 51. 03¾	....	1er bord } du Soleil. 48d 52′ 32″½	41. 10 — 85½	48. 52. 07½	
	11. 53. 12½	....	2d bord }			
au soir.	1. 53. 14½	....	Arcturus ...... 28d 20′ 32″½	61. 39. 57½	28. 19. 52½	
	6. 16. 45¼	....	α de la Lyre........	10. 18. 40	10. 18. 00	24. 17. 57½
Le 24 au matin.	1. 24. 26	1. 32. 31⅓	Passage du 2d bord de la Lune. 1h 23′⅓ bord sup.	38. 40. 30	38. 39. 50	24. 17. 37½
			Diam. 32Rév. 05Part. = 30′ 45″ inf.	39. 11. 10	39. 10. 30	
Le 27 au matin.	4. 02. 11⅔	4. 00. 02½	Passage du 2d bord de la Lune. bord sup.	23. 51. 22½	23. 50. 42½	
	4. 07. 34⅔	....	Aldebaran. 32d 53′ 35″. Diam.	33 Révol. 12½	...31. 52½	63. 58. 02½
	4. 10. 06	....	6.e grand.	24. 11. 00	24. 10. 20	
	4. 14. 07½	....	La suivante des deux Étoiles... 5.e à 6e grand.	25. 17. 30 ::	25. 16. 50	
	4. 44. 00½	....	α de la Chèvre.	3. 10. 20	au zénit	
	4. 48. 23½	....	Rigel.	57. 21. 45	57. 21. 05	
	5. 05. 03½	....	δ d'Orion double.	49. 21. 47¼	49. 21. 07¼	
	5. 09. 19⅓	....	ε.	50. 14. 25	50. 13. 45	
	5. 11. 59	....	double.	51. 37. 15	51. 36. 35	
	5. 13. 55⅔	....	ζ.	50. 57. 00	50. 56. 20	
	0. 00. 52½	....	Passage du 1er bord } du Soleil. bord sup.	50. 26. 15	50. 25. 35	
	0. 03. 00¾	....	2d bord }	39d 39′ 55″ —219	50. 25. 43½	
Le 28	4. 59. 24¼	4. 57. 44	Passage du 2d bord de la Lune. bord sup.	21. 19. 47½	21. 19. 07½	79. 19. 37½
			Diam. 33Rév. 25P. = 32′ 10″. 5h 00′ bord inf.	21. 51. 45::		Lieu du Soleil.
	0. 02. 33¼	....	Passage du 2d bord du Soleil. bord sup.	50. 49. 40	50. 49. 00	♎ 5. 37. 38½
au soir.	6. 08. 07½	....	α de la Lyre. ... 10d 18′ 37″½	79. 40 + 74	10. 17. 50	Tables — 29
Le 29 au matin.	5. 59. 55	5. 58. 42	Passage du 2d bord de la Lune. bord sup.	20. 30. 15	20. 29. 35	95. 30. 40
			Diam. 34Rév. 0Part. = 32′ 30″. bord inf.	21. 02. 47½	21. 02. 07½	
	6. 11. 36⅓	....	Passage de Sirius...... 65d 13′ 15″.	24d 39′ 55″ +277	65. 12. 33	95. 31. 17½
	0. 59. 58⅓	....	1er bord du Soleil. Diam.	33 Révol. 37½	...32. 27½	
Octob. Le 1 au matin.	6. 03. 27½	....	Pass. de Sirius. le 30 bord sup. de la Lune au mér.	21. 41. 00	21. 40. 20	
	8. 01. 58⅔	8. 00. 43	Passage du 2d bord de la Lune. 7h 59′½. inf.	25. 20. 00	25. 19. 20	
	11. 59. 03	....	Passage du 1er bord } du Soleil. 8h 01′.	25. 20. 15	25. 19. 35	
	0. 01. 12	....	2d bord } bord sup.	51. 59. 52½		
au soir.	1. 32. 23⅔	....	Arcturus.	....	....	128. 09. 50
	5. 55. 54½	....	α de la Lyre. Donc lieu du Soleil.	....	....	♎ 8. 35. 19
Le 13 au soir.	6. 22. 13½	6. 30. 15	Passage du 1er bord de la Lune. 6h 23′½ bord. inf.	76. 22. 35	76. 21. 55	
		7. 15. 00	Diamètre. 31Rév. 8Part. = 29′ 50″. corne sup.	75. 52. 50	75. 52. 10	
	6. 32. 57½	....	Passage d'une Étoile après f. 3.e grandeur.	70. 08. 05	70. 07. 25	
	6. 34. 32½	....	Celle qui suit C du Sagittaire.	76. 35. 00::	76. 34. 20	296. 45. 15
Le 15 Le 16 au soir.	11. 51. 20½	....	Passage du Soleil en 2′ 11″ à 58d¼.			
	4. 51. 45½	....	Passage de α de la Lyre. à 9h Diam. de la Lune.	31 Révol. 09	...29. 52½	
	6. 01. 35½	....	α de l'Aigle.	40. 38. 52½	40. 38. 12½	
	6. 06. 37½	....	g du voile du Sagittaire.	64. 59. 10	64. 58. 30	333. 51. 30
	6. 10. 03	....	C sur la Croupe.	77. 12. 15	77. 11. 35	
	6. 20. 50	....	Étoile à 76d⅓.			
	8. 39. 31¼	8. 48. 34	1er bord de la Lune. 8h 40′½ bord inf.	64. 52. 50	64. 52. 10	
Le 18 au soir.	10. 01. 16	10. 10. 52½	Passage du 1er bord de la Lune. 10h 2′¼ bord sup.	53. 08. 30	53. 07. 50	
			Diam. 31Rév. 30Part. = 30′ 12″½. 10h 2′⅓. inf.	53. 38. 25	53. 37. 45	
			La première du Quadrilatère sous le Poisson boréal.	53. 50.		
	10. 00. 04⅓	....	La plus orientale & australe.	55. 59. 12½	55. 58. 32½	356. 42. 12½
	10. 06. 42⅔	....	Celle qui suit.	59. 05. 30	59. 04. 50	
	10. 09. 40½	....	La suivante, environ 10′ au sud.			
	10. 11. 23½	....				

210e Lunaison.

ANNÉE 1744. OCTOB.	TEMPS de la PENDULE.	TEMPS VRAI ou APPARENT.	ANNÉE M. DCCXLIV.	DISTANCES AU ZÉNIT observées.	DISTANCES AU ZÉNIT corrigées.	ASCENSION DROITE du bord de la LUNE.
	H. M. S.	H. M. S.		D. M. Part. Microm.	D. M. S.	D. M. S.
Le 18 au soir.	10. 11. 40¾	....	Étoile à l'orient du *Quadrilatère*. . . 7.e grand.	55. 31. 15	55. 30. 35	
	10. 15. 46½	....	4.e grand.	52. 28. 02½ ...	52. 27. 22½	
	10. 16. 20					
	10. 19. 10	....	La précédente.........7.e grand.	52. 08. 07½ ...	52. 07. 27½	
	10. 19. 39	....	La deuxième.	52. 17. 20	52. 16. 40	
	10. 21. 10	....	6.e à 7.e grand.	52. 45. 30::		
	10. 25. 21½	....	5.e à 6.e.	53. 44. 40	53. 44. 00	356. 42. 15
Le 20	11. 48. 46½	....	Passage du 1er bord } 2d bord } du *Soleil.* à 59d ½.			
	0. 00. 58¼	....				
	0. 22. 05	....	*Arcturus.*	28. 20. 45::		
Le 21	11. 58. 30½	....	Passage du 1er bord } 2d bord } du *Soleil.* à 59d ¼.			
	0. 00. 42½	....				
	Midi non corrigé.		Hauteurs correspondantes du bord supér. du *Soleil.* au matin. au soir.			
	11. 59. 23¼	+ 17½	10h 25' 52"½... 27d 00'+100P. 1h 32' 54"			
	11. 59. 22	....	10. 30. 00 .... 27. 20. 00 ... 1. 28. 44			
	11. 50. 23½	....	10. 30. 38 ... +100 .. 1. 28. 69			
	11. 59. 40½	....	Midi vrai. .... 4"½ plus tard qu'au mural.			
Le 22 au matin.	0. 18. 18¾	0. 18. 46⅓	Passage du 1er bord } de la *Lune.* { bord supér.	34. 56. 30	34. 55. 50	Centre.
	0. 20. 30½	0. 20. 58	2d bord } { bord inför.	35. 27. 35	35. 26. 55	31. 50. 55
	0. 43. 06½	....	μ de la *Baleine.* 39d 50' 25". Diam.	32 Révol. 30	... 31. 20	31. 51. 35
	1. 00. 49½	....	α ou *Menkar.*	45. 47. 07½ ...	45. 46. 27½	
	1. 08. 58	....	δ à la queue du *Bélier.*	30. 07. 35	30. 06. 55	
Le 24 au soir.	6. 34. 42½	....	Passage de l'Étoile du *Renard.* 3.e à 4.e grand.	24. 29. 45	24. 29. 05	
	6. 41. 29½	....	q de la queue du *Renard.* 3.e grand.	21. 33. 55	21. 33. 15	
Le 25 au matin.	2. 57. 36	2. 58. 48½	Passage du 2d bord de la *Lune.* . le bord sup.	21. 57. 15	21. 56. 35	
			Diamètre. 33 Rév. 24 Part. = 32' 10". inf.	22. 29. 15	22. 28. 35	
	3. 09. 36½	....	Passage de β de la corne du *Taureau.*	20. 30. 30..	20. 29. 50	74. 32. 00
	3. 40. 40	....	α *d'Orion.*	41. 31. 25	41. 30. 45	
	3. 47. 56	....	H ou *Propus.*	25. 37.		
	3. 58. 44½	....	π des *Gémeaux.*	26. 18. 45	26. 18. 05	
Le 28 au matin.	5. 58. 58½	6. 00. 50¼	Passage du 2d bord de la *Lune.* 5h 59'. bord inf.	24. 08. 45	24. 08. 05	123. 04. 02½
	6. 03. 03		La 3.e υ de l'*Écrevisse.* Latit. 5d 12' 37"½. Diam.	34 Révol. 10	... 32. 45	☉ 19d 24' 27"½ moins avancé de 1' 8" que selon les Tables des Institutions.
	6. 26. 30	6. 28. 53½	Distance de υ au bord le plus proche.	49. 25	... 47. 27½	
			Rayon prolongé qui passoit par *Loca Paludosa.*			
	7. 40. 34½	....	Passage de *Régulus.* La pendule remontée, &c.	35. 39. 45	35. 39. 05	
	Midi non corrigé.		Hauteurs correspondantes du bord sup. du *Soleil.* au matin. au soir.			
	11. 57. 18¾	+ 17½	10h 38' 52"½... 25d 40'+100P 1h 15' 45::			
	11. 57. 16¼	....	10. 44. 40 .... 26. 00 +100 1. 09. 52½			
	11. 57. 20	....	10. 50. 05½ ... 26. 20. 00 ... 1. 04. 35::			
	11. 57. 35	....	Midi vrai. ... 3"½ plus tard qu'au mural.			
	11. 49. 11½	....	Passage d'*Arcturus.*	28. 20. 47½ ...	28. 20. 07½	
	11. 56. 24¾	....	Passage du 1er bord } 2d bord } du *Soleil.* à 62d ¼.			
	11. 58. 37½	....				
Le 29 au matin.	6. 55. 50	6. 58. 21	Passage du 2d bord de la *Lune.* bord inf.	28. 21. 45	28. 21. 05	
	7. 36. 34⅔	....	*Régulus.*	35. 39. 47½ ...	35. 39. 07½	
	11. 45. 12	....	*Arcturus.*	....	....	138. 27. 30
	Midi non corrigé.		Hauteurs correspondantes du bord sup. du *Soleil.* au matin. au soir.			
	11. 57. 09¼	+ 18⅛	9h 22' 34"¾... 19d 0' +100P 2h 31' 43"¾			
	11. 57. 09⅞	....	9. 27. 00 .... 19. 30. 00 ... 2. 27. 19¾			
	11. 57. 10¼	....	9. 27. 25½ ... +100. 2. 26. 55::			
	11. 57. 27⅝	....	Midi vrai ... 3"½ plus tard qu'au mural.			
	11. 56. 17¾	....	Passage du 1er bord } 2d bord } du *Soleil.*			
	11. 58. 31	....				
Le 30 au matin.	7. 32. 35¼	....	*Regulus.* Diam.	34 Révol. 16	... 32. 55	152. 52. 15
	7. 49. 18¾	7. 51. 57	2d bord de la *Lune.* 7h 48'⅓. bord inf.	33. 55. 30	33. 54. 50	

ANNÉE 1744. NOVEMB.	TEMPS de la PENDULE. H. M. S.	TEMPS VRAI ou APPARENT. H. M. S.	ANNÉE M. DCCXLIV.	DISTANCES AU ZÉNIT observées. D. M. Part. Microm.	DISTANCES AU ZÉNIT corrigées. D. M. S.	ASCENSION DROITE du bord de la LUNE. D. M. S.
Le 4 au soir.	5. 47. 59	....	Passage d'une Étoile au dessus de ↓.. 6.e grand.	69. 11. 00::		
	5. 49. 33½	....	Autre Étoile du *Capricorne*...... 5.e....	69. 01. 00 ...	69. 00. 10	
	5. 56. 10	....	La troisième des quatre qui précèdent ɴ. 7.e.	68. 35. 00 ...	68. 34. 10	
	5. 57. 16½	....	...... 4.e à 5.e	67. 43. 00 ...	67. 42. 10	
	6. 01. 00	....	...... 4.e à 5.e	68. 50. 30 ...	68. 49. 40	
	6. 04. 08½	....	...... 5.e	69. 04. 20 ...	69. 03. 30	
	6. 09. 50	....	χ du *Capricorne*...... 3.e à 4.e	71. 02. 00 ...	71. 01. 10	
	6. 15. 13	....	...... 4.e	72. 04. 30 ...	72. 03. 40	
	6. 16. 58	....	φ..... à 70d½.			
	6. 19. 49	....	Celle qui suit...... 4.e à 5.e	70. 13. 07½ ...	70. 12. 17½	
	6. 24. 11½	....	La précédente & la plus vive......	72. 34. 10 ...	72. 33. 20	
	6. 25. 20½	....	La suivante...... 4.e à 5.e	72. 39. 10 ...	72. 38. 20	
	6. 27. 54	....	ζ 3.e	72. 19. 45 ...	72. 18. 55	
Le 8 au soir.	11. 55. 42	....	Passage du 1er bord } du *Soleil* à 65d⅔.	*α de l'Aigle.* 49. 20 + 63 ..	*Le 1er & 8 Nov.* 40. 38. 12½	
	11. 57. 58	....	2d bord }	49. 20 + 70 ..	40. 38. 02½	
	3. 26. 26¼	3. 29. 30½	Passage du 1er bord de la *Lune*.　bord inf.	77. 49. 30 ...	77. 48. 40	276. 31. 55
	4. 38. 29½	....	α de l'*Aigle*......	40. 38. 55 ...	40. 38. 05	
	5. 06. 40⅓	....	β du *Capricorne*......	64. 24. 45 ...	64. 23. 55	
	5. 30. 51½	....	↓	74. 59 15 ...	74. 58. 25	
	5. 36. 08½	....	...... 6.e à 7.e	77 ou environ.		
	5. 36. 26½	....	ω	76. 39. 52½ ...	76. 39. 02½	276. 32. 30
	5. 37. 54¾	....	...... 6.e à 7.e	73. 32. 30::		
	5. 44. 58½	....	...... 5.e à 6.e	68. 50. 37½ ...	68. 49. 47½	
	5. 48. 06	....	La suivante un peu moins vive......	69. 04. 00 ...	69. 03. 10	
	5. 52. 53	....	...... 5.e à 6.e	68. 55. 30 ...	68. 54. 40	
	6. 00. 56½	....	φ	70. 31. 35 ...	70. 30. 45	
	6. 04. 47½	....	...... 6.e	70. 13. 15 ...	70. 12. 25	
	6. 06. 30::	....	...... 7.e	70. 41. 30..		
	6. 09. 28½	....	...... 3.e à 4.e	70. 45. 07½ ...	70. 44. 17½	
	6. 13. 57½	....	b.	71. 43. 55 ...	71. 43. 05	
	7. 43. 01½	....	*Phomalhaut*......	79. 45. 32½ ...	79. 44. 42½	
Le 10 au soir.	11. 55. 15¾	....	Passage du 1er bord } du *Soleil*.			
	11. 58. 01⅔	....	2d bord }	49. 20 + 67 ..	40. 38. 07½	
	4. 30. 28¼	....	Passage de α de l'*Aigle*... (Diam. 29' 47"½)	40. 38. 55 ...	40. 38. 05	304. 30. 47½
	5. 10. 00	5. 13. 01	1er bord de la *Lune*.　bord inf.	74. 50. 45 ...	74. 49. 55	
	5. 22. 51½	....	↓ du *Capricorne*......	74. 59. 12½ ...	74. 58. 22½	304. 30. 32½
Le 11 au matin.	10. 53. 08	....	Passage d'*Arcturus*......	28. 20. 57½ ...	28. 20. 07½	317. 18. 00
	11. 55. 48½	....	Passage du 1er bord } du *Soleil*.　à 66d½.			
	11. 58. 04½	....	2d bord }	31 Révol. 15 ...	... 29. 47½	
au soir.	5. 57. 03½	6. 00. 00½	1er bord de la *Lune*. 5h 58'. bord inf.	71. 18 12½ ...	71. 17. 22½	317. 17. 30
Le 12 au soir.	5. 56. 33	....	Passage de la troisième des quatre au dessus de b.	71. 06. 47½ ...	71. 05. 57½	
	5. 57. 57	....	b	71. 43. 45 ...	71. 42. 55	
	6. 04. 18	....	La précédente......	70. 02. 15 ...	70. 01. 25	
	6. 04. 19	....	La suivante......	70. 17½.		
	6. 06. 32½	....	ε du *Capricorne*......	69. 25. 47½ ...	69. 24. 57½	
	6. 07. 08	....	...... 6.e	69. 05.		
	6. 08. 17½	....	...... 6.e à 7.e	69. 35. 37½ ...	69. 34. 47½	
	6. 11. 26½	....	La première des trois en ligne droite......	64. 01. 00 ...	64. 00. 10	
	6. 12. 55	....	La deuxième......	64. 23. 45 ...	64. 22. 55	
	6. 13. 49::	....	La dernière des trois d......	64. 44. 57½ ...	64. 44. 07½	
	6. 16. 42½		δ	66. 06. 45 ...	66. 05. 55	
Le 14	11. 56. 03½	....	Passage du 1er bord du *Soleil*.　pluies.			
Le 18 au soir.	10. 27. 38½	....	Passage de celle qui précéde o. (Diam. 31' 42"½)	33. 10. 35 ...	33. 09. 45	
	10. 54. 50⅔	10. 57. 02½	Passage du 1er bord de la *Lune*. 10h 56'. bord sup.	31. 45. 00 ...	31. 44. 10	38. 57. 20
	11. 05. 15	....	Celle qui suit ρ du *Bélier* ou la cinquième....	31. 53. 45 ...	31. 52. 55	38. 57. 40
	11. 07. 56½	....	α de la *Baleine*. à 45d⅔			
	11. 12. 05½	....	L'australe des deux qui précèdent δ......	31. 59. 30 ...	31. 58. 40	

211e Lunaison.

ANNÉE 1744. NOVEMB.	TEMPS de la PENDULE.	TEMPS VRAI ou APPARENT.	ANNÉE M. DCCXLIV.	DISTANCES AU ZÉNIT observées.	DISTANCES AU ZÉNIT corrigées.	ASCENSION DROITE du bord de la LUNE.
	H. M. S.	H. M. S.		D. M. Part. Microm.	D. M. S.	D. M. S.
Le 19 au ſoir.	11.01.12½	. . . .	Paſſage de l'Étoile qui ſuit ρ.	31.53.37½ . . .	31.52.47½ . . .	Centre.
	11.03.54½	. . . .	α de la *Baleine*. (Diam. 32'07"½)	45.47.12½ . . .	45.46.22½	53.07.47½
	11.46.11½	11.48.12	Paſſage du 1er bord } de la *Lune*. { bord ſupér.	26.47.35 . . .	26.46.45	53.07.35
	11.48.33½	11.50.33¾	2d bord } { bord infér.	27.19.35 . . .	27.18.45	
Le 20 au matin.	6.43.11½	. . . .	Paſſage de l'extrémité de la queue du *Petit Lion*.	24.21.30 . . .	24.20.40	
	11.56.50½	. . . .	1er bord } du *Soleil* à 68d 41'½.			
	11.59.08½	. . . .	2d bord }			
au ſoir.	11.53.02½	. . . .	Étoile qui ſuit les *Pléiades*	25.10.25 . . .	25.09.35	
Le 21 au matin.	0.30.04½	. . . .	ρ du *Taureau*	34.35.00 . . .	34.34.10	
	0.32.00	. . . .	*Aldebaran*.	32.53.45 . . .	32.52.55	
	0.37.40¼	. . . .	τ de la corne du *Taureau*	26.25.45 . . .	26.24.55	
	0.42.32⅔	0.44.23½	Paſſage du 1er bord } de la *Lune*. { bord ſup.	23.01.30 . . .	23.00.40	
	0.45.00½	0.46.51½	2d bord } { bord inf.	23.34.05 . . .	23.33.15	
	0.51.26½	. . . .	. . . . 6.e grand.	24.42.45 . . .	24.41.55	Centre.
	0.53.15	. . . .	K	24.14.30 . . .	24.13.40	68.16.20
	1.15.36½	. . . .	. . . .	19.35.22½ . . .	19.34.32½	
	1.18.58½	. . . .	La plus auſtrale des deux contigues.	17.59.42½ . . .	17.58.52½	
	1.20.46½	. . . .	β de la corne du *Taureau*.	20.30.27½ . . .	20.29.37½	
Le 23	4.32.58½	. . . .	Paſſage de α du *Cygne*.			
Le 29 au matin.	8.09.52	8.09.10	Paſſage du 2d bord de la *Lune*. 8h 8'¼ bord inf.	50.02.17½ . . .	50.01.15	
	11.59.30½	. . . .	Paſſage du 1er bord } du *Soleil*.		au zénit	
	0.01.50½	. . . .	2d bord }		— 1.02½	
au ſoir.	4.09.09¼	. . . .	α du *Cygne*.	4.30.02½ . . .	4.29.00	
	6.12.08½	. . . .	la ſuivante τ du *Verſeau*	63.46.47½ . . .	63.45.45	
	6.15.23⅔	. . . .	λ	57.47.00 . . .	57.45.57½	188.01.10
	6.19.29¼	. . . .	*Phomalhaut*.	79.45.35 . . .	79.44.32½	
	6.21.34	. . . .	celle qui ſuit . . . . 5.e grand.	79.37.00 . . .	79.35.57½	
	6.28.09¼	. . . .	*Markab*.	35.01.50 . . .	35.00.47½	
DÉCEMB. Le 1	9.44.06	9.42.36	Paſſage du 2d bord de la *Lune*. centre.	64.42.45 . . .	64.41.42½	
	0.00.15¾	. . . .	Paſſage du 1er bord du *Soleil*. par τ du *Verſeau*.	. . . .	. . . .	213.37.20
Le 10 au ſoir.	5.16.54½	. . . .	Paſſage du 1er bord de la *Lune*. bord inf.	63.45.30 . . .	63.44.27½	
	20.54.19⅔	. . . .	*Arcturus*.	28.21.15 . . .	28.20.12½	336.01.55
			Hauteurs correſpondantes du bord ſupér. du *Soleil*.			
	Midi non corrigé.		au matin. au ſoir.			
Le 11	0.05.41½	. . . + 4½	10h 13'45"½ . . . 14d 10'00" . . . 1h 57'37"½			
	0.05.41¾	. . . .	10.14.02½ . . . + 50 . . . 1.57.20			
	0.05.42	. . . .	10.19.27 . . . 14.30.00 . . . 1.52.57			
	0.05.42	. . . .	10.19.45½ . . . + 50 . . . 1.52.38½			
	0.05.46½	. . . .	Midi vrai. . . . . 6" plus tard qu'au mural.	18.10 + 452		
	0.04.29¼	. . . .	Paſſage du 1er bord }			
	0.06.51⅓	. . . .	2d bord } du *Soleil*. bord ſup.	71.38.55 . . .	71.37.52½	
au ſoir.	3.21.53¾	. . . .	Paſſage de α du *Cygne*.	4.30.05 . . .	4.29.02½	
	5.29.52½	. . . .	δ du *Verſeau*.	66.00.52½ . . .	65.59.50	
	5.32.13½	. . . .	*Phomalhaut*.	79.45.27½ . . .	79.44.25	
	5.51.15	. . . .	la précédente des ψ.	59.19.35 . . .	59.18.35	
	5.53.22½	. . . .	la moyenne. . . . (Diam. 30'00")	59.25.27½ . . .	59.24.25	347.11.17½
	5.57.29½	5.51.36	1er bord de la *Lune*. 5h 58'½ bord inf.	58.21.40 . . .	58.20.37½	347.10.45
Le 15 au ſoir.	0.08.48¾	. . . .	Paſſage du 2d bord du *Soleil*. bord ſup.	71.53.45 . . .	71.52.42½	
	8.25.00	. . . .	Diam. 32.Rév. 35 Part. = 31'25". . . . bord inf.	72.26.15 . . .	72.25.12½	
	8.43.16½	8.35.22	Paſſage du 1er bord de la *Lune*, 8h 44'. bord. inf.	34.50.00 . . .	34.48.57½	32.40.07½
	8.51.33¾	. . . .	. . . . 4.e à 5.e grand.	34.58.47½ . . .	34.57.45	32.40.35
	9.02.39½	. . . .	γ de la *Baleine*	46.42.55 . . .	46.41.52½	
Le 18 au matin.	8.15.33	. . . .	Paſſage d'*Arcturus*.	28.21.15 . . .	28.20.12½	
	11.56.38½	. . . .	Paſſage du 1er bord } du *Soleil*. bord ſup.	72.00.00 . . .	71.58.57½	Solſtitiale.
	11.59.00⅓	. . . .	2d bord }	18.00 + 25	71.59.17½	72.01.19
au ſoir.	11.14.47	11.16.37½	1er bord de la *Lune*. 11h 15'½ bord. ſup.	21.41.55 . . .	21.40.52½	
			Diamètre. 34.Rév. 20 Part. = 33'00". inf.	22.14.40 . . .	22.13.37½	
	11.19.17⅓	. . . .	Paſſage de β du *Taureau*	20.30.37½ . . .	20.29.35	76.24.30
	11.22.41⅔	. . . .	l'informe au deſſus de o.	23.57.30 . . .	22.56.27½	

ANNÉE 1744. DÉCEMB.	TEMPS de la PENDULE.	TEMPS VRAI ou APPARENT.	ANNÉE M. DCCXLIV.	DISTANCES AU ZÉNIT observées.	DISTANCES AU ZÉNIT corrigées.	ASCENSION DROITE du bord de la LUNE.
	H. M. S.	H. M. S.		D. M. Part. Micron.	D. M. S.	D. M. S.
Le 24 au matin.	4. 20. 14½	4. 18. 23	Passage du 2.d bord de la Lune. 4h 19'½. bord inf.	36. 36. 30	36. 35. 27½	
			Diamètre.	34 Révol. 28	... 33. 12	
Le 25 au matin.	5. 10. 18½	5. 07. 56½	2.d bord de la Lune. 5h 9'½. bord inf.	43. 19. 12½ ..	43. 18. 10	
	5. 17. 00½	....	ξ de la tête de la Vierge	39. 11. 37½	39. 10. 35	
	5. 19. 40½	....	la deuxième ξ.	39. 12. 27½ ..	39. 11. 25	
	5. 20. 55½	....	β du Lion.	32. 52. 30 ..	32. 51. 27½	171. 20. 52½
		6. 25. 00	(Diam. 34 Rév. 15 p. = 32' 53") .. la Polaire.	46. 50 — 13	43. 10. 12½	171. 20. 32½
Le 26 au soir.	0. 01. 43½	....	Passage du 1.er bord } du Soleil. bord sup.	71. 55. 52½ ..	71. 54. 50	Solstitiale. 72. 01. 06
	0. 04. 06½	....	2.d bord }	18. 00 + 183	71. 55. 10	
	2. 12. 52½	....	α du Cygne.	4. 30. 10 ..	4. 29. 07½	
Le 28	....	0. 00. 00	Diam. vertical par les bords. 32' 37"½. bord sup.	71. 50. 12½ ..	71. 49. 10	
ANNÉE 1745.			ANNÉE M. DCCXLV.			
JANVIER. Le 11	0. 03. 05½	....	Passage du Soleil en 2' 22". Diam.	34 Révol. 06	... 32. 40	
Le 12 au soir.	6. 49. 35	....	Passage de la précédente des deux au nord de μ.	28. 01. 45	28. 00. 35	
	7. 02. 40½	6. 59. 00½	1.er bord de la Lune. 7h 3'½ bord inf.	31. 44. 35	31. 43. 25	
	7. 06. 40½	....	la précédente ou deuxième ρ du Bélier.	31. 35. 00	31. 33. 50	39. 22. 57½
	7. 07. 13½	....	la suivante.	31. 53. 00	31. 51. 50	
			Accélér. 4.6" sur le temps vrai en 2 jours. Diam.	32 Révol. 35	... 31. 22½	
Le 13 au soir.	7. 01. 53	....	Passage de la première ρ du Bélier	32. 11. 30	32. 10. 20	52. 58. 35
	7. 03. 17	....	La suivante des deux.	31. 53. 00	31. 51. 50	
	7. 04. 49½	....		32. 06. 00	32. 04. 50	
	7. 52. 19½	....	Passage de d des Pléiades. Diam.	33 Révol. 19	... 32. 00	52. 58. 25
	7. 52. 58½	7. 48. 56	1.er bord de la Lune. 7h 54' bord inf.	27. 00. 52½ ..	26. 59. 42½	
	7. 53. 28½	....	η des Pléiades. la Polaire.	50. 50 + 233	39. 03. 45	
Le 14 au soir.	0. 03. 02¼	....	Passage du 1.er bord } du Soleil. α de Persée.	au Secteur. 0. 03. 52	la moyenne. 0. 03. 36	
	0. 05. 22¼	....	2.d bord }			
	6. 58. 48¼	....	la précédente ou deuxième ρ du Bélier.	31. 35. 22½ ...	31. 34. 12½	
	6. 59. 21½	....	la suivante des deux. Diam.	33 Révol. 37	... 32. 27½	
	7. 49. 33½	....	η des Pléiades.	25. 34. 45	25. 33. 35	67. 58. 52½
	8. 48. 57	8. 44. 30½	1.er bord de la Lune. 8h 49'½ bord inf.	23. 24. 40	23. 23. 10	
Le 15 au soir.	4. 57. 15	....	.... la Polaire.	50. 50 + 229	39. 03. 50	
	9. 50. 20	9. 45. 30	Passage du 1.er bord de la Lune. bord inf.	21. 25. 00	21. 23. 50	
	9. 57. 02½	....	La précédente des deux, de la 6.e grandeur.	21. 43. 45	21. 42. 35	
	9. 57. 54¾	....	La suivante. (Diam. 33' 07"½)	21. 20. 45	21. 19. 35	
	10. 01. 32½	....	H ou Propus.	25. 37. 30	25. 36. 20	84. 21. 00
Le 16 au soir.	0. 03. 48⅓	....	Passage du 1.er bord } du Soleil à 69d¼. au Secteur.	α de Persée. 0. 03. 50 ...	la moyenne. 0. 03. 34	
	0. 06. 07⅓	....	2.d bord }			
		4. 54. 30	.... la Polaire.	50. 50 + 234	39. 03. 45	
	7. 41. 47½	....	η des Pléiades	25. 34. 45	25. 33. 35	101. 35. 22½
	10. 55. 14⅓	10. 50. 02	1.er bord de la Lune. bord inf.	21. 29. 05	21. 27. 55	
			Diamètre. 34 Rév. 38 part. = 33' 25". sup.	20. 55. 30	20. 54. 20	
Le 19	7. 30. 05½	....	Passage de η des Pléiades	25. 34. 45	25. 33. 35	
Le 20 au matin.	1. 51. 23½	....	Passage de Régulus.	....	....	151. 32. 20
	2. 02. 45⅓	....	2.d bord de la Lune. 2h 1'¼. bord inf.	33. 58. 17½ ...	33. 57. 07½	
			à 2h 02'¼. bord sup.	33. 24. 22½ ...	33. 23. 12½	
au soir.	0. 05. 13¾	....	1.er bord } du Soleil à 68d⅝. la Polaire.	50. 50. + 228	39. 03. 52½	
	0. 07. 32¼	....	2.d bord }			
	6. 18. 24½	....	Passage de celle qui est au nord de μ	28. 01. 57½ ...	28. 00. 47½	
	6. 22. 01½	....	μ du Bélier, double .... 5.e gr.	29. 58. 00	29. 56. 50	
	6. 24. 07½	....	celle qui précède π, double. . 5.e gr.	32. 12. 20	32. 11. 10	
	6. 35. 29	....	La deuxième ρ	31. 35. 35	31. 34. 25	
	6. 36. 02½	....	La suivante ρ	31. 53. 15	31. 52. 05	
	7. 00. 13½	....	Au Secteur. ...... α de Persée.	0. 03. 52		
	7. 26. 13¾	....	Passage de η des Pléiades.	25. 34. 50	25. 33. 40	
Le 21	7. 22. 22½	....	η	25. 34. 45	25. 33. 35	

213.e Lunaison.

ANNÉE 1745. JANVIER.	TEMPS de la PENDULE.	TEMPS VRAI ou APPARENT.	ANNÉE M. DCCXLV.	DISTANCES AU ZÉNIT observées.	DISTANCES AU ZÉNIT corrigées.	ASCENSION DROITE du bord de la LUNE
	H. M. S.	H. M. S.		D. M Part. Microm.	D. M. S.	D. M. S.
Le 22 au matin.	3.46.03¼	3.58.59	Passage du 2d bord de la *Lune*. 3h 44'¼. bord inf.	47.55.20	47.54.10	
	3.53.22½	....	Étoiles de la *Vierge*. (Diam. 32' 15")	45.53.30 ...	45.52.20	
	3.54.09	....	la précédente	48.14.00	48.12.50	
	3.55.24½	....	la 2.ᵉ n & la plus vive.	48.06.45	48.05.35	179.22.15
	5.06.03¼	....	celle qui suit l'*Épy*. ..... 4.ᵉ grand.	60.58.37½ ...	60.57.27½	
		4.25.00	.... la *Polaire*.	46.50. — 11½	43.10.10	
FÉVRIER. Le 3	0.04.05⅔	....	Passage du 1ᵉʳ bord } du *Soleil*. à 65ᵈ.			
	0.06.21¼	....	2ᵈ bord }			
			Hauteurs correspondantes du bord supér. du *Soleil*.			
	Midi non corrigé.		au matin.　　　　au soir.			
	0.05.36	Corr. — 16½	10h 37' 25"½... 22ᵈ 10' 05"... 1h 33' 46"½			
	0.05.35½	....	10.42.45 ... 22.30.00 ... 1.28.26			
au soir.	0.05.19¼	....	Midi vrai...... 5"¾ plus tard qu'au mural.	Au Secteur. 0.03.59¾ ...	la moyenne. 0.03.44	
	5.58.00	....	.... au nord a de *Persée*.			
	6.24.05⅔	....	n des *Pléiades*.			
Le 4	6.20.31½	....	Passage de n des *Pléiades*	25.34.45	25.33.35	
Le 7 au soir.	0.08.20¼	....	Passage du 2ᵈ bord du *Soleil*. à 64ᵈ +		la moyenne.	
	5.47.21½	....	au Secteur. .... a de *Persée*.	0.03.59¼ ...	0.03.44	
	6.13.25¾	....	n des *Pléiades*.			
Le 9 au soir.	5.41.52	5.33.46	Passage du 1ᵉʳ bord de la *Lune*. bord inf.	28.38.22½ ...	28.37.12½	
	6.06.10½	....	la luisante n des *Pléiades*.	25.34.47½ ...	....	46.59.55
	6.19.53⅓	....	.... 4.ᵉ grand.	31.25.07½		
Le 10	0.09.24⅓	....	2ᵈ bord du *Soleil*. à 61ᵈ.			
Le 13 au soir.	5.25.50	....	Au Secteur tourné vers l'occident	0.03.58½ ...	au zénit	
	5.25.38	....	Passage de a de *Persée*. (La moyenne 0ᵈ 03' 43"½)	0.02.45	— 1.13½	
	5.51.50½	....	n des *Pléiades*.	25.34.45	25.34.30	
	9.18.55¾	....	.... 5.ᵉ grand.	20.33.45	20.32.30	
	9.37.27	9.27.58	1ᵉʳ bord de la *Lune*. 9h 37'⅔ bord inf.	22.09.35	22.08.20	
			Diam. 34^Rév. 38½ Part. = 33.27½. 9h 39' sup.	21.36.05	21.34.50	
	9.39.04⅓	....	Passage de v des *Gémeaux*.	21.26.20	21.25.05	109.38.40
	9.44.45½	....	*Procyon*.	43.00.35	42.59.20	
Le 14	0.10.01¼	....	Passage du 1ᵉʳ bord } du *Soleil*.			
	0.12.15¾	....	2ᵈ bord }			
Le 15 au soir.	5.18.22	....	Passage de a de *Persée*. .... au nord.	0.02.47½ ...	— 1.12½	Centre.
	5.44.34½	....	n des *Pléiades*	25.34.47½ ...	25.33.32½	142.54.57½
	11.26.20½	....	a de l'*Hydre*.	56.25.30	56.24.15	
	11.41.44¾	11.31.47	Passage du 1ᵉʳ bord } de la *Lune*. } bord supérieur.	30.03.42½ ...	30.02.27½	
	11.44.12	11.34.14¾	2ᵈ bord } } bord inférieur.	30.37.42½ ...	30.36.27½	
Le 18 au matin.	11.58.43½	....	Passage de *Regulus*.	35.40.20	35.39.05	172.37.12½
	1.17.26½	....	Celle qui précède τ du *Lion*.	44.23.02½ ...	44.21.47½	
	1.18.34¾	....	La plus vive & australe τ.	44.36.40	44.35.05	172.37.00
	1.19.05½	....	Celle qui suit 3 à 4' au sud.			
	1.23.58½	....	La précédente.	44.06.00	45.04.45	
	1.25.03½	....	Sur la dernière patte du *Lion* ..... 4.ᵉ grand.	44.23.35	44.22.20	
	1.31.54½	....	Passage du 1ᵉʳ bord entamé. 1h 33' bord sup.	43.53.00	43.51.45	
			2ᵈ bord de la *Lune*. inf.	44.26.55	44.25.40	
	0.09.26	....	Passage du 1ᵉʳ bord } du *Soleil*. Diam. de la *Lune*.	35 ^Révol. 19	... 33.57½	
	0.11.38⅓	....	2ᵈ bord }			
Le 19 au soir.	11.59.48½	....	Passage du 1ᵉʳ bord } du *Soleil*. à 60ᵈ			
	0.02.00⅔	....	2ᵈ bord }	46.30 + 282	43.22.25	
	2.36.39½	....	*Vénus*.	43.23.20	43.22.05	
	4.54.17½	....	a de *Persée*. ...... au Secteur.	0.03.58		
	4.54.07	....	Passage au mural..... quart-de-cercle mobile.	90.00 + 142	au zénit baisse de 15"	
Le 20 au matin.	2.58.17½	....	Passage de l'épi de la *Vierge*.	58.40.37½ ...	58.39.22½	199.43.55
	3.05.23½	3.04.08½	2ᵈ bord de la *Lune*. 2h 4' bord inf.	59.03.42½ ...	59.02.27½	
	3.10.43	....	(Diamètre. 33' 07"½). 6.ᵉ grand.	55.25.10	55.23.55	
	3.14.53¼	....	.... 5.ᵉ à 6.ᵉ	60.20.10	60.18.55	

214.ᵉ Lunaison.

Année 1745. FÉVRIER.	TEMPS de la PENDULE.	TEMPS VRAI ou APPARENT.	ANNÉE M. DCCXLV.	DISTANCES AU ZÉNIT observées.	DISTANCES AU ZÉNIT corrigées.	ASCENSION DROITE du bord de la LUNE.
	H. M. S.	H. M. S.		D. M. Part. Micron.	D. M. S.	D. M. S.
Le 20 au soir.	3.50.28⅓	....	Passage d'*Arcturus*. 28^d 21' 30". { au Secteur.	2.56.26,2..	3.00.19½	
	4.50.37	....	L'instrument en face de l'orient. { α de *Persée*.	0.03.33,8..	0.03.53½	
	4.50.30	....	Passage de α de *Persée*. au nord sur le mural. {	0.02.45..	corr. — 1'10"	
	5.16.41½	....	{	90.00 + 141	— 0.12½	
			n des *Pléiades*..........	25.34.47½...	25.33.37½	
Le 21 au matin.	3.02.41⅓	....	Passage de la première & australe....6.ᵉ grand.			
	3.02.52½	....	La suivante des deux de la *Vierge*.......	55.58.20...	55.57.10	
	3.06.59½	....	Une autre entre *l* & *m*...........	55.25.10...	55.24.00	
	3.10.12	....		60.19.50...	60.18.40	
	3.46.45¾	....	Passage d'*Arcturus*..........	28.21.30....	28.20.20	213.14.27½
	3.55.33⅓	3.54.17	2ᵈ bord de la *Lune*. 3ʰ 54'½ bord inf.	65.27.57½..	65.26.47½	
	5.52.25¼	....	Passage de la première........	71.40.55..	71.39.45	
	5.52.37½	....	g du *Scorpion*..........	71.40.00..	71.38.50	
	5.52.38	....	la troisième	71.37.27½..	71.36.17½	
	5.56.03¼	....	*Antarès*............	74.39.40....	74.38.30	213.14.30
	5.58.00¼	....	celle qui suit	74.46.35....	74.45.25	
	0.00.10½	....	Passage du 1ᵉʳ bord } du *Soleil* à 59ᵈ⅓.			
	0.02.22½		2ᵈ bord }			
Le 22 au matin.	4.47.00½	4.45.32½	Passage du 2ᵈ bord de la *Lune*. 4ʰ 46'½ bord inf.	70.51.05....	70.49.55	
	4.52.30	....	Étoile qui passe avant ζ de la *Balance*..7.ᵉ grand.	73.05.		
	4.54.41	....	Une autre qu'on voit dans *Senex*. 4.ᵉ à 5.ᵉ grand.	68.40.00...	68.38.50	
	4.56.52½	....	4.ᵉ à 5.ᵉ grand.	72.25.47½...	72.24.37½	
	5.47.51½	....	ψ du *Scorpion*	68.15.30...	68.14.20	
	5.48.46	....	La première des trois, à 4ʰ½. Diam. de la *Lune*.	33ᴿᵉᵛᵒˡ.11.....	...31.50	
	5.48.58½	....	La deuxième g du *Scorpion*....	71.40.00...	71.38.50	227.03.20
	5.52.25¼	....	*Antarès*............	74.39.37½...	74.38.27½	
	5.54.22½	....	Celle qui suit.	74.46.35....	la moyenne.	
	0.02.34⅓	....	Passage du 2ᵈ bord du *Soleil*. à 58ᵈ⅙. L'on a touché à la pendule.		0.03.42¼	
	4.43.10½	....	Au Secteur, α de *Persée*.	0.03.35,8...	0.03.55½	
au soir.	5.09.21¼	....	n des *Pléiades*.	25.34.50...	25.33.40	
Le 23 au matin.	5.40.18¼	5.38.25	Passage du 2ᵈ bord de la *Lune*. bord inf.	74.54.45....	74.53.35	
	5.40.57½	....	σ du *Scorpion*.........	73.46.50...	73.45.40	
	5.45.33½	....	g.	71.40.00....	71.38.50	
	5.49.01	....	*Antarès*............	74.39.45...	74.38.35	241.16.30
	5.25.45	....	50ᴿᵉᵛ.11½ᴾᵃʳᵗ. = 47'57" } à 5ʰ Diam.	32ᴿᵉᵛᵒˡ.27.....	...31.15	
	6.00.45	....	49ᴿᵉᵛ.05½ᴾᵃʳᵗ. = 47.00. } bord le plus proche.			
	6.17.30	....	L'étoile σ dans la ligne des cornes : à 6ʰ 19'½...	49ᴿᵉᵛᵒˡ.30.....	...47.35	
	8.03.17⅓	....	Passage de α de la *Lyre*.	10.19.37½...	10.18.27½	
			Hauteurs correspondantes du bord supér. du *Soleil*. au matin. / au soir.	79.40 + 58⅔..	10.18.15	
Midi non corrigé.	0.02.20½	Si la corr. + 19	10ʰ 01' 20"...26ᵈ 00' 00"..2ʰ 3'21"			
	0.02.20½	....	10.01.34½...... +50. 2. 3.06½			
	0.02.20¼	....	10.05.02⅔...26.20.00..1.59.37½			
	0.02.20¾	....	10.05.18¼...... +50. 1.59.23¼			
	0.02.01½	....	Midi vrai..... 2"½ plus tard qu'au mural.			
	0.00.53¼	....	Passage du 1ᵉʳ bord } du *Soleil*. à 58ᵈ 33'.		la moyenne. 0.03.40	
	0.03.04½	....	2ᵈ bord }			
au soir.	....	....	Au Secteur.	0.03.32,8	0.03.52½	
	5.06.15⅓	....	Passage de n des *Pléiades*.	25.34.45 ::		
	8.59.17⅓	....	*Procyon*.	43.00.42½....	42.59.32½	
Le 24 au matin.	5.45.49¾	....	Passage d'*Antarès*. à 6ʰ 40' Diam. de la *Lune*.	32ᴿᵉᵛᵒˡ.00.....	...30.35	255.50.00
	5.47.46¼	....	Celle qui suit.	74.46.35....	74.45.25	
	6.35.11⅓	6.32.42½	Passage du 2ᵈ bord de la *Lune*. 6ʰ 33'. bord inf.	77.29.30...	77.28.20	
	8.00.06¼	....	α de la *Lyre*. Au quart-de-cercle mob.	79.20 + 57½..	10.18.15	
	0.01.29	....	Passage du 1ᵉʳ bord } du *Soleil*.		la moyenne. 0.03.42½	
	0.03.40	....	2ᵈ bord }			
au soir.	4.46.58	....	Au Secteur...... α de *Persée*.	00.03.35¾...	0.03.55½	
	8.56.09¼	....	Passage de *Procyon*.	43.00.37½...	42.59.27½	
			Distances des *Pléiades* pendant le Crépuscule.			
		5.45.00	Entre n & e.	39ᴿᵉᵛᵒˡ.29.....	0.38.00	

215ᵉ Lunaison.

ANNÉE 1745. FÉVRIER.	TEMPS de la PENDULE.	TEMPS VRAI ou APPARENT.	ANNÉE M. DCCXLV.	DISTANCES AU ZÉNIT observées.	DISTANCES AU ZÉNIT corrigées.	ASCENSION DROITE du bord de la LUNE.
	H. M. S.	H. M. S.		D. M. Part. Mixtrom.	D. M. S.	D. M. S.
Le 24 au soir.			Entre n & b (le 21 Février, 35' 46"¼ & 59")	37 Révol. 19½	0.35.55	
			n & d	19. 25::	0.18.45	
			n & f le 20 Février	24. 22	0.23.27½	
			n & g le 21	40. 18	0.38.4½	
Le 25 au matin.	7.30.38½	7.27.20	Passage du 2ᵈ bord de la Lune.　　bord sup.	77.59.42½	77.58.32½	
	7.58.08¼		α de la Lyre, 10ᵈ 19'32"½.　　inf.	78.29.30	78.28.20	270.28.22½
Le 28 au matin.	10.06.10½	10.00.53½	Passage du 2ᵈ bord de la Lune.　　le centre.	72.33½ ou 34	72.32½	311.46.35
	0.04.11½		1ᵉʳ bord } du Soleil à 56ᵈ⅔			
	0.06.22¼		2ᵈ bord }			
MARS Le 1 au matin.	10.51.10::		Passage du 2ᵈ bord de la Lune.　　le centre.	68.24 ou 25	64.23⅓	
	0.04.40½		Passage du 1ᵉʳ bord } du Soleil.			
	0.06.50½		2ᵈ bord }			
Le 7 au soir.	0.01.11½		Passage du 2ᵈ bord du Soleil. à 54ᵈ.	54.30 + 20½	35.29.20	
	2.43.00½	2.42.15	Passage de Vénus, 28ᵈ 46' 40"	35.31.45	35.30.35	
	2.49.13½	2.48.26	1ᵉʳ bord de la Lune. 2ʰ 50'½ bord inf.	35.08.00	35.06.50	
		6.00.00	Diam. 31 Rév. 35 Part. = 30'27"½ à 37ᵈ½	54.49'55" + 122	35.06.45	
	6.29.32½		Passage de α d'Orion	41.31.50	41.30.40	30.19.45
			La pendule nouvellement rétablie, & à 10ʰ 44' de temps vrai au matin, Vénus éloignée du bord le plus proche & boréal de la Lune de	22 Révol. 28½	21.43½	
			& à 10ʰ 49' Vénus étoit à un même vertical que le bord occidental de la Lune.			
Le 8 Le 9 au soir.	0.06.30		Passage du 2ᵈ bord du Soleil.			
	0.09.39½		1ᵉʳ bord. Ensuite on a baissé la lentille.			
	0.01.30⅓		à 0ʰ 11'49"¾. 2ᵈ bord du Soleil à 53ᵈ¼. à 6ʰ	32 Révol. 27½	31.15	
	4.24.09½	4.22.59	Passage du 1ᵉʳ bord de la Lune. 4ʰ25'. bord inf.	25.44.42¼	25.43.32½	
	5.02.03½		Aldébaran	32.54.07½	32.52.57½	55.51.05
	5.38.34¾		α de la Chèvre	3.10.37½		
	5.42.59⅔		Rigel	57.22.35	57.21.25	
Le 11 au soir.	5.02.31		Passage d'Aldebaran	32.54.07½	32.52.57½	85.46.27½
	5.39.02½		α de la Chèvre. 3ᵈ 10'35"	86ᵈ 49' 57"½ + 15	au zénit — 12½	
	5.43.27¾		Rigel	57.22.35	57.21.25	
	6.04.27½		ε d'Orion	50.15.02½	50.13.57½	
	6.09.04½		ζ	50.57.45	50.56.35	
	6.18.33½		l'informe qui suit β du Taureau	21.21.15	21.20.05	85.46.20
	6.22.35⅓		α d'Orion	41.31.57½	41.30.47½	
	6.24.20½	6.15.04	1ᵉʳ bord de la Lune. 6ʰ25'½ bord inf.	20.59.15	20.58.05	
			Diamètre.	33 Révol 25	32.10	
Le 12 au soir.	6.09.18½		Passage de ζ d'Orion	50.57.45	50.56.35	
	6.55.19¼		ν des Gémeaux.	28.31.45	28.30.35	
	7.04.27¼		γ	32.16.57½	32.15.47½	
	7.15.18½		Syrius.	65.14.12½	65.13.02½	
	7.29.33¼	7.16.14¼	1ᵉʳ bord de la Lune. 7ʰ 30'½ bord sup.	20.41.00	20.39.50	
			Diam. 34 Rév. 07 P. = 32'42"½.　　inf.	21.13.30	21.12.20	
	7.41.33		Passage de celle qui est au dessous de τ.	20.35.00::		
	7.59.47¼		α des Gémeaux.	16.27.30	16.26.20	
	8.07.24½		Procyon.	43.00.42½	42.59.32½	
	8.11.11⅓		β des Gémeaux	20.15.30	20.14.20	102.01.00
Le 13	0.16.01		Passage du centre du Soleil . . en 2' 09" ou 11"			
	Otez 16.00		Ensuite on a baissé la lentille d'un peu plus d'une ligne ; elle décrivoit à l'ordinaire des arcs de 2ᵈ 00' de chaque côté.			
au soir.	0.00.01		Passage du Soleil à 51ᵈ⅔.　　à 8ʰ Diam.	34 Révol. 25	33.07½	
	7.41.38⅔		Passage d'une Étoile de la Licorne	50.16.30::		
	7.43.34½		α des Gémeaux	16.27.35	16.26.25	
	7.51.11¼		Procyon	43.00.40	42.59.30	
	7.54.58⅔		β des Gémeaux	20.15.32½	20.14.22½	
	8.18.58⅔	8.18.01½	1ᵉʳ bord de la Lune.　　bord sup.	22.56.00	22.54.50	118.25.35

ANNÉE 1745. MARS.	TEMPS de la PENDULE.	TEMPS VRAI ou APPARENT.	ANNÉE M. DCCXLV.	DISTANCES AU ZÉNIT observées.	DISTANCES AU ZÉNIT corrigées.	ASCENSION DROITE du bord de la LUNE.
	H. M. S.	H. M. S.		D. M. Part. Micron.	D. M. S.	D. M. S.
Le 14 au soir.	0.03.38		Passage du 2ᵈ bord du *Soleil.* bord sup.	50.57.45	50.56.35	
	6.31.45⅔		μ des *Gémeaux*	26.15.30	26.14.20	134.26.15
	6.38.02½		ν	28.31.40	28.30.30	
	6.41.36		la double étoile au sud du Trapezoïde.	30.56.20	30.55.10	
	6.44.23		la précédente.	31.56.25	31.55.15	
	6.45.27½		la suiv. plus vive & bor. de 2'½. Diam.	33 Révol. 25.	...33.35	
	6.47.10½		γ des *Gémeaux.*	32.16.55	32.15.45	
	7.42.26¼		α	16.27.30	16.26.20	
	9.21.50½	9.18.17	1ᵉʳ bord de la *Lune.* 9ʰ 22'½ bord sup.	27.06.35	27.05.25	
Le 18 au soir.	7.37.42⅔		Passage de α *Gémeaux*	16.27.30	16.26.20	
			L'aiguille reculée de 15'¼, & la lentille baissée.			
	7.30.01⅓		Passage de *Procyon.*	43.00.35	42.59.25	
	7.33.46¼		ß des *Gémeaux*	20.15.30	20.14.20	
Le 19 au matin.	0.01.49¾	0.03.46	Passage de *Saturne* achronique, 179ᵈ 35' 22"½	45.53.17½	45.52.07½	Centre.
	0.10.20¼		ϰ de la *Vierge* à 48ᵈ 1/10. Diam.	35 Révol. 02.	...33.32½	192.18.37½
	0.19.05¼	0.22.00	Passage de *Mars.*	46.48.15	46.47.05	
	0.51.28		Passage du 1ᵉʳ bord } de la *Lune.* { 0ʰ 52'⅔ sup.	54.51.15	54.50.05	
	0.53.44¼		2ᵈ bord } { 0.53½ inf.	55.24.52½	53.23.42½	
Le 20 au soir.	11.58.46½		Midi vrai par 3 hauteurs correspondantes du *Soleil.*			
	7.10.33		Passage de celle qui précède.	16.36.45	16.35.35	
	7.16.08¾		α des *Gémeaux*	16.27.30	16.26.20	
	7.23.45¼		*Procyon*	43.00.40	42.59.30	
	7.27.31¼		ß	20.15.40	20.14.30	
Le 21	11.58.07⅓		Passage du 1ᵉʳ bord } du *Soleil.* bord sup. { 48.12.30		48.11.20	
	0.00.16¼		2ᵈ bord } { 41ᵈ 49'52"½ — 53		48.11.25	
Le 22 au matin.	11.51.33⅔	11.52.05	*Saturne.* 179ᵈ 22' 30".	45.47.37½	45.46.27½	
	0.05.22¼	0.05.54	*Mars* achronique. 182ᵈ 50' 12"¼	46.24.02½	46.22.57½	
	0.16.20		Passage de la plus vive de trois étoiles	45.12.10	45.11.00	
	0.19.24½		la suivante & la plus vive de deux autres	45.36.22½	46.35.12½	
	0.22.46		γ de la *Vierge*	48.54.45	48.52.35	
	0.32.38½		la suivante des deux .... 4.ᵉ grand.	44.25.15	44.24.05	
	0.36.45½		♌ de la *Vierge.* 3.ᵉ	44.04.55	44.03.45	
	0.41.00½		.... 5.ᵉ	48.40.15	48.39.05	
	1.57.53¼		*Arcturus.*	28.21.30	28.20.20	
Le 24 au matin.	11.42.46½		Celle qui précède r de la *Vierge*	46.49.30	46.48.10	
	11.44.20		r	45.32.20	45.31.10	
	11.44.42½		Passage de *Saturne*	45.43.45	45.42.35	
	11.48.37		.... 6.ᵉ grand.	48.05.30	48.04.20	
	11.53.23		La précédente ϰ	48.14.05	48.12.55	
	11.54.38⅓		ϰ de la *Vierge.* 182ᵈ 06' 22"¼.	48.06.55	48.05.45	
	11.56.10¼	11.55.44¼	Passage de *Mars* achronique	46.08.02½	46.06.52½	
	11.59.24½		Une petite étoile qui suit *Mars.*	46.08.::		
	0.13.06¼		Une autre étoile. .... 7.ᵉ grand.	45.36.20	45.35.10	
	0.16.28½		Passage de γ de la *Vierge.*	48.54.45	48.53.35	265.01.37½
	0.18.15⅔		celle qui suit.	49.02.10	49.01.00	
	0.30.28¼		♌.	44.04.57½	44.03.47½	
	5.27.01½	5.26.28½	Passage du 2ᵈ bord de la *Lune.* 5ʰ 26'. bord inf.	78.26.02½	78.24.52½	265.02.10
			Diam. 32 Rev. 03 lunt. = 30'42"¼. 5ʰ 26'⅔. sup.	77.55.15	77.54.05	
	11.59.34¼		Passage du 1ᵉʳ bord } du *Soleil.* bord sup.	47.01.40	47.00.30	
	0.01.43¾		2ᵈ bord }	42ᵈ 59'55" — 28"½	47.00.42½	
			Hauteurs correspondantes du bord supér. du *Soleil.*			
Midi non corrigé.		corr. — 17½	au matin. au soir.			
	0.00.59		10ʰ 06' 23"½ ... 37ᵈ 00' 00" ... 1ʰ 55' 34"½			
	0.00.58		10.15.09¼ ... 37.50.00 ... 1.46.46¼			
	0.00.58		10.39.05 ... 39.50.00 ... 1.22.51			
	0.00.40½		Midi vrai ...... 1"¼ plus tard qu'au mural.			
Le 26	0.01.37¼		Passage du *Soleil* en 2' 08". bord sup.	46.14.22½	46.13.12½	
Le 28 au matin.	8.54.04¼	8.51.33¼	Passage du 2ᵈ bord de la *Lune.* bord sup.	69.43.35	69.42.25	320.03.15
	0.01.28½		Passage du 1ᵉʳ bord } du *Soleil.* bord sup.	45.27.27½	45.26.17½	
	0.03.37½		2ᵈ bord }			

Année 1745. Mars.	Temps de la Pendule.	Temps vrai ou apparent.	Année M. DCCXLV.	Distances au Zénit observées.	Distances au Zénit corrigées.	Ascension droite du bord de la Lune
	H. M. S.	H. M. S.		D. M. Part. Microm.	D. M. S.	D. M. S.
Le 30 au matin. au soir.	10.19.43	....	Passage du 2d bord de la Lune. le centre.	59.58.00....	59.57.00	343.04.57½
	0.02.24⅔	....	1er bord } du Soleil. bord sup.	44.41.00....	44.40.00	
	0.04.34	....	2d bord }			
	0.03.31	....	Midi vrai par les hauteurs correspondantes à 38d⅓.			
	6.00.18⅓	....	Passage de Syrius.	65.14.00....	65.12.50	343.04.00
	6.52.17½	....	Procyon. α précède β			
	6.56.03⅓	....	β des Gémeaux. de 0h 11' 22".			
Le 31 au matin.	5.53.11¼	....	Passage de α de la Lyre.	10.19.30....	10.18.20	
	7.03.03¾	....	α de l'Aigle. 40d 39' 30".	79.40 +49	10.18.25	
	0.05.01⅔	....	2d bord du Soleil. bord sup.	44.17.55....	44.16.45	Lieu du Soleil.
	6.41.31	....	α des Gémeaux.			
	6.49.07½	....	Procyon.			♉10.50.56 plus avancé de 54" que selon les Tables.
	11.17.14⅔	....	Saturne.	45.29.12½...	45.28.02½	
	11.19.12½	....	r de la Vierge.			
	11.19.28½	....	Mars.	45.08.45....	45.07.35	
	11.24.27½	....	6.e grand.	45.10.		
	11.29.25⅓	....	н	48.06.50....	48.05.40	
Avril. Le 2 au soir.	3.32.34⅔	....	Passage d'Aldébaran.	32.54.05....	32.52.55	
	4.13.58⅔	....	α de la Chèvre.	3.10.25....	au zénit 1.10	
	4.19.23½	....	Rigel.	57.22.30....	57.21.20	
	5.50.47	....	Sirius.	65.14.00....	65.12.50	
	6.35.08¼	....	α des Gémeaux.	16.27.30....	16.26.20	
	6.42.45⅓	....	Procyon.	73.30 +136	16.26.12½	
Le 3 au soir.			Hauteurs du bord supérieur du Soleil à l'Orient. au matin. au soir. 40d 00' 00" .. 2h 05' 28" 40.20.00... 2.02.17 10h 09' 09"⅓.. +50... 2.02.04½ 10.12.11¼ ..40.40.00			Erreur des Tables.
	0.05.20½	....	Midi vrai...... 2"½ plus tard qu'au mural.			
	0.04.13½	....	Passage du 1er bord } du Soleil. bord sup.	47.00. — 307	43.07.57½	+ 43½
	0.06.23¼	....	2d bord }	43.08.45....	43.07.35	
	3.00.58½	....	Vénus.	25.25.45....	25.24.35	
	5.47.36½	....	Sirius.	65.14.00....	65.12.50	
	6.31.59	....	α des Gémeaux.	16.27.25....	16.26.15	Lieu du Soleil.
	6.39.35⅓	....	Procyon. 43d 00' 35".	73.30 +138½	16.26.09	♉13.48.10
Le 4 au soir.	0.04.42½	....	Passage du 1er bord } du Soleil. bord sup.	47.10. +190	43.44.52½	
	0.06.51¾	....	2d bord }			
	6.40.11⅓	....	β des Gémeaux. L'aiguille reculée de 10'			
216.e Lunaison. Le 8 au soir.	11.56.35⅔	....	Passage du 1er bord } du Soleil. à 41d⅓.			
	11.58.45⅔	....	2d bord }			
	5.13.57	5.16.09	Passage du 1er bord de la Lune. bord sup.	20.21.00....	20.19.50	
			bord inf.	20.53.45....	20.52.35	
	6.06.08⅓	....	α des Gémeaux. 16d 27' 20". sup.	69.40 — 9	20.20.00	
	6.13.45	....	Procyon. à 9h Diam. de la Lune.	33 Révol. 16....	...31.57½	
	6.17.31½	....	β des Gémeaux.	20.15.27½...	20.14.17½	95.29.30
Le 10 au soir.	7.09.42½	....	Passage de γ de l'Écreviffe à 26d¼. Diam.	34 Révol. 13....	...32.50	128.08.17½
	7.13.46¾	7.14.42	1er bord de la Lune. bord sup.	25.12.35....	25.11.25	
	7.28.58½	....	r.	23.26.20....	23.25.10	
Le 12 au soir.	0.00.26⅘	....	Passage du 2d bord du Soleil.			
	5.08.48⅘	....	Sirius. (Procyon. 6h 01' 00"⅓).	65.14.00....	65.12.50	
	8.29.17½	....	Régulus. 35d 40' 17"½. Diamètre.	34 Révol. 37....	...33.25	
	9.04.36	9.05.94	1er bord de la Lune. bord sup.	36.26.45....	36.25.35	157.32.20
	9.10.16	....	l du Lion.	36.59.10....	36.58.00	
Le 14 au soir.	8.22.48⅘	....	Passage de Régulus.	35.40.15....	35.39.05	
	10.34.36¼	....	n de la Vierge à 48d⅛. Diam.	35 Révol. 04....	...33.35	184.54.55
	10.47.21¼	10.46.55	1er bord de la Lune. 10h 48' bord sup.	50.57.55....	50.56.45	

ANNÉE 1745. AVRIL.	TEMPS de la PENDULE.	TEMPS VRAI ou APPARENT.	ANNÉE M. DCCXLV.	DISTANCES AU ZÉNIT observées.	DISTANCES AU ZÉNIT corrigées.	ASCENSION DROITE du bord de la LUNE.
	H. M. S.	H. M. S.		D. M. Part. Microm.	D. M. S.	D. M. S.
Le 15 au soir.	10.36.09½	....	Paffage de l'*Épi de la Vierge*.........	58.40.50....	58.39.40	198.31.42½
	11.38.27½	11.37.32	1er bord de la *Lune*. 11h 39'½ bord fup.	58.16.35....	58.15.25	
Le 16	0.00.02¾	....	Paffage du 1er bord } du *Soleil* à 38d ⅔. Diam.	34Révol.32½....	...33.17½	
	0.02.12¾	....	2d bord }			
Le 17 au matin.	0.25.07⅔	....	Paffage d'*Arcturus*.........	28.21.27½....	28.20.17½	Centre.
	0.30.57⅔	0.29.34½	Paffage du 1er bord } de la *Lune*. { bord fupér.	64.59.10....	64.58.00	212.47.02½
	0.33.18	0.31.54¾	2d bord } { bord inférieur.	65.32.15...	65.31.05	
	0.41.29½	....	Paff. d'une Étoile de la *Balance* à 68d 9'¼. Diam.	34Révol.18....	...32.57½	
	0.44.25½	....	une autre plus vive... à 60d 03¾			
	0.49.11⅓	....	.... 7.e grand.	59.59.05....	59.57.55	
	0.52.52⅔	....	....	63.13.15....	63.12.05	
	0.55.16¼	....	....	65.06.20...	63.05.10	
	0.56.46⅔	0.55.23	*Jupiter*. Afc. droite 218d 58'02".	62.40.17½....	62.40.07½	
	0.57.32½	....	la boréale α.			
	0.57.44¼	....	α de la *Balance*........	63.49.02½....	63.47.52½	212.47.30
	0.00.29¾	....	Paffage du 1er bord } du *Soleil*.			
	0.02.40	....	2d bord }			
	4.52.38½	....	*Sirius*........	65.14.07½....	65.12.57½	
Le 18 au matin.	0.21.53⅔	....	Paffage d'*Arcturus*......	28.21.30....	28.20.20	
	0.27.55⅔	....	.... 4.e grand.	63.47½.		
	0.35.19½	....	Étoiles fous le 1.er baffin.. 3.e à 4.e	71.08.20....	71.07.10	
	0.38.13½	....	de la *Balance*..... 3.e à 4.e	68.08.50...	68.07.40	
	0.45.29½	....	.... 4.e à 5.e	71.09.25....	71.08.15	
	0.49.38	....	....	63.13.22½....	63.12.12½	
	0.53.04⅔	0.51.13	*Jupiter*. 218d 46'30"....	62.38.05...	62.36.55	
	1.28.19	1.26.27½	2d bord de la *Lune*. le centre.	70.55¼.		
Le 19 au foir.	0.01.24¼	....	Paffage du 1er bord } du *Soleil*.			
	0.03.35¾	....	2d bord }			
	5.30.32¼	....	α des *Gémeaux*........	16.27.30....	16.26.20	
	5.38.08¾	....	*Procyon*........	43.00.35...	42.59.25	
	5.41.55	....	β des *Gémeaux*........	20.15.32½....	20.14.22½	
Le 20 au matin.	3.23.27¾	3.20.25	Paffage du 2d bord de la *Lune*. bord fup.	77.53.00...	77.51.50	
	3.31.16	....	la fuivante de deux Étoiles....	36.44.15...	36.43.05	
	3.33.59½	....	α du *Serpentaire*........	36.06.32½...	36.05.22½	
	4.39.03¼	....	α de la *Lyre*.........	10.19.30...	10.18.20	258.10.15
Le 23 au matin.	6.10.19½	6.05.57	Paffage du 2d bord de la *Lune*. { bord fup.	74.47.40....	74.46.30	302.25.00
			{ bord inf.	75.17.20....	75.16.10	
	0.03.23½	....	Paffage du 1er bord } du *Soleil* à 36d¼.			
	0.05.34½	....	2d bord }			
Le 25 au matin.	7.44.19⅓	7.38.53⅓	Paffage du 2d bord de la *Lune*. bord fup.	66.47.15...	66.46.05	327.34.32½
	0.04.25⅓	....	Paffage du 1er bord } du *Soleil*. { bord fupérieur.	35.18.15...	35.17.05	Lieu du Soleil.
	0.06.36⅔	....	2d bord } { bord inférieur.	35.50.00....	35.48.50	♉ 5.17.15
au foir.	7.47.17⅓	....	*Régulus*. à 35d⅔.			Tables + 56
Le 29	0.07.39½	....	Paffage du *Soleil* en 2' 11"¼ à 34d¼.			
Le 30	11.36.37½	....	*Arcturus*........	28.21.30....	28.20.20	
au foir.	11.59.05	....	Étoile du premier baffin......	61.47.20....	61.46.10	
	0.00.57½	11.52.27	*Jupiter* achronique. 217d 08'10".	62.05.35...	62.04.25	
	0.04.22⅓	....	celle qui précède α........	63.13.25....	63.12.15	
MAI. Le 1 au matin.	0.07.49	....	Paffage de μ de la *Balance*........	61.55.30...	61.54.20	
	0.09.14¼	....	α à 63d⅔.			
Le 3	0.08.50¼	....	Paffage du 1er bord } du *Soleil*. à 33d ⅛.			
	0.11.02¾	....	2d bord }			
au foir.	4.52.52¾	....	*Procyon*.................	43.00.45...	42.59.35	
Le 10	11.58.09⅓	....	Paffage du 1er bord } du *Soleil*. à 31d.			
	0.02.23⅙	....	2d bord } la lentille baiffée.			
	6.43.22¼	....	Paffage de *Régulus*........	35.40.15....	35.39.05	166.05.32½
	7.43.36	....	↓ de la *Grande Ourfe*.			
	7.52.45¼	7.53.40	1er bord de la *Lune*. 7h 54'¾ bord fup.	40.49.35....	40.48.25	
	8.35.09½	....	La moyenne b de la *Vierge*........	43.47.40....	43.46.30	166.05.42½
	8.20.46½	....	Au Secteur χ de la *Grande Ourfe*. Au nord.	2.40.47,8...	0.19.32	

(Notes manuscrites en marge : « ✝ 1er mai au foir » ; « # 2 mai au matin » ; « 217.e Lunaifon. »)

ANNÉE 1745. MAI.	TEMPS de la PENDULE. (H. M. S.)	TEMPS VRAI ou APPARENT. (H. M. S.)	ANNÉE M. DCCXLV.	DISTANCES AU ZÉNIT observées. (D. M. Part. Microm.)	DISTANCES AU ZÉNIT corrigées. (D. M. S.)	ASCENSION DROITE du bord de la LUNE. (D. M. S.)
Le 11	11.57.39¾	....	Passage du 1er bord / 2d bord } du *Soleil* à 30d 55'.			
	11.59.53¼	....				
au soir.	8.40.57	8.42.22	1er bord de la *Lune.* 8h 42' bord sup.	47.55.45....	47.54.35	
	8.49.24¾	....	la précédente.............	48.14.07½...	48.12.57½	
	8.50.40¼	....	n de la *Vierge.*.........	48.06.55....	48.05.45	179.17.02½
Le 12	4.06.11½	....	Passage de *Procyon.* 43d 00' 37"½.........	47.00 + 6½..	42.59.42½	
au soir.	6.34.34¼	....	*Régulus.*............	35.40.15...	35.39.05	
	7.34.48¼	....	↓ de l'*Ourse.* 3d 00' 27"½....	87.00 + 16		
	8.11.59	....	Au Secteur, χ de la *Grande Ourse*......	2.40.48,8...	0.19.31	
	8.36.04½	....	Passage de r de la *Vierge* à 45d ½.			
	8.44.59½	....	la précédente............	48.14.07½	48.12.57½	
	8.46.15½	....	n de la *Vierge*	48.06.47½	48.05.37½	192.26.40
	9.05.25	....	l'australe χ à 55d½..... Diam.	34 Révol.23.....	...33.02½	
	9.09.51¼	....	celle qui suit γ.......	49.02.05...	49.00.55	
	9.29.01	9.30.57½	1er bord de la *Lune.* 9h 30' bord. sup.	55.07.00....	55.05.50	
Le 13	11.56.39	....	Passage du 1er bord / 2d bord } du *Soleil* à 30d ½.			
au soir.	11.58.52¼	....				
	6.30.08½	....	*Régulus.*.... 35d 40' 15"....	54.20 + 30	35.39.05	
	9.46.33½	....	l'*Épi de la Vierge.* Diam. de la *Lune.*	34 Révol.17....	...32.55	205.54.00
	9.54.17½	....	h	57.42.05...	57.40.55	
	10.07.03½	....	Informe.	59.59.45....	59.58.35	
	10.18.14¾	10.20.42	1er bord de la *Lune.* 10h 19½' bord sup.	61.58.10....	61.57.00	
Le 14	6.25.40	....	Passage de *Régulus.* 35d 40' 15"	54.20 + 29...	35.39.07½	
au soir.	7.25.54	....	↓ de la *Grande Ourse.* Au Secteur.	0.01.00⅔...	2.59.17	
			χ.............	3.19.54⅔	0.19.34½	
	10.52.17¼	....	*Jupiter.*............	61.36.00....	61.34.50	
	10.56.39½	....		61.47.25...	61.46.15	
	11.01.56¼	....		63.13.15...	63.12.05	
	11.05.22¼	....	μ de la *Balance*........	61.55.25...	61.54.15	
	11.06.48¼	....	α la plus vive..........	63.49.05...	63.47.55	219.56.57½
	11.09.44¼	11.12.43	1er bord de la *Lune.* 11h 11' bord sup.	68.03.07½...	68.01.57½	
			Diamètre.	34 Révol.02½	...32.35	
Le 17	6.12.14	....	Passage de *Régulus.* 35d 40' 15"......	54.20 + 36	35.38.55	
au soir.	7.49.43	....	Au Secteur, χ de la *Grande Ourse*......	3.19.54½	0.19.34¼	
Le 21	4.34.36⅔	....	Passage de α du *Cygne.*.........	4.30.25....	4.29.15	
au matin.	4.41.59¼	4.48.26	1er bord de la *Lune.* bord sup.	72.42.22½...	72.41.12½	310.09.27 Lieu du *Soleil.*
	11.52.16½	....	1er bord } du *Soleil.* 28d 20' 55. Diam.	31 Révol.22....	...30.10	II 0.23.31 18" moins avancé que selon les Tables.
	11.54.32½	....	2d bord }	61.40.00....	28.19.50	
au soir.	10.02.40¾	....	*Arcturus.*............	28.21.22½...	28.20.12½	
Le 22	5.27.50¼	5.34.50⅔	Passage du 2d bord de la *Lune.* { bord inf.	69.01.57½...	69.00.47½	322.40.00
			{ bord sup.	68.32.15....	68.31.05	
au matin.	11.53.59½	....	2d bord du *Soleil.* bord sup.	28.09.00....	28.07.50	
au soir.	9.58.08¼	....	*Arcturus*.............	28.21.20..	28.20.10	II 1.21.13
Le 23	4.25.31¼	....	Passage de α du *Cygne.* 4d 30' 22"½ ou 25"...	85.30.07½...	4.29.37½	
au matin.		4.30.00	.... Diam. de la *Lune.*	31 Révol.05.....	...29.47½	
	6.10.14¼	6.17.47	2d bord de la *Lune* à 6h 9'¼. bord sup.	63.37.52½...	63.36.42½	334.27.30
	11.51.11	....	1er bord du *Soleil.*			
Le 24	6.50.14::	....	Passage du 2d bord de la *Lune.* le centre.	58.28.30		
Le 25	7.28.50¾	7.37.30	2d bord de la *Lune.* à 7h 28' bord sup.	52.27.45....	52.26.35	356.26.52½
au matin.	11.52.24	....	2d bord du *Soleil* à 27d 52'½.			
JUIN. Le 5	11.58.24	....	Passage du 1er bord / 2d bord } du *Soleil.* La lentille remontée.			
	0.00.41¼	....				
Le 7	11.58.48¼	....	Passage du 1er bord / 2d bord } du *Soleil* à 26d 5'.			
	0.01.05½	....				
au soir.	6.36.56	6.36.57	1er bord de la *Lune.* 6h 38'. bord. sup.	45.49.15....	45.48.05	
	8.08.16½	....	l'*Épi de la Vierge.* à 8h Diam.	34 Révol.07½....	...32.42½	175.02.57½
Le 8	0.00.09⅔	....	Passage du *Soleil* en 2' 17"½ ou 17"⅔.....	25.42.55....	22.41.45	

218.e Lunaison.

ANNÉE 1745. JUIN.	TEMPS de la PENDULE.	TEMPS VRAI ou APPARENT.	ANNÉE M. DCCXLV.	DISTANCES AU ZÉNIT obſervées.	Distances AU ZÉNIT corrigées.	ASCENSION DROITE du bord de la LUNE.
	H. M. S.	H. M. S.		D. M. Part. Microm.	D. M. S.	D. M. S.
Le 9 au ſoir.	8. 00. 27½	....	Paſſage de l'Épi de la Vierge	58. 40. 50	58. 39. 40	200. 55. 01½
	8. 12. 17	8. 11. 51	1er bord de la Lune. à 8h 14' bord ſup.	59. 40. 15	59. 39. 05	
			On a trouvé n le 7, comme au 9 Juin. Diam.	34 Révol. 01	... 32. 32½	
	8. 26. 08½	....	Au Secteur, n de la Grande Ourſe au nord...	4. 43. 59½ ...	1. 43. 39	
Le 10 au ſoir.	9. 02. 01½	9. 01. 22½	Paſſage du 1er bord de la Lune. à 9h 2'½ bord ſup.	65. 53. 37½ ...	65. 52. 27½	
	9. 14. 11½	....	μ du pied oriental de la Vierge....	53. 23. 57½ ...	53. 22. 47½	
	9. 19. 53½	....	μ de la Balance	61. 55. 30 ...	61. 54. 20	
	9. 21. 07½	....	la précédente. Diam.	33 Révol. 32. ...	... 32. 20	
	9. 21. 18½	....	α de la Balance	63. 49. 00 ...	63. 47. 50	214. 22. 42½
Le 11 au ſoir.	11. 59. 38⅓	....	Paſſage du 1er bord } du Soleil. bord ſup.	25. 29. 00 ...	25. 27. 50	
	0. 01. 55½		2d bord }			
	7. 53. 37	....	l'Épi de la Vierge	58. 40. 50 ...	58. 39. 40	228. 32. 10
	8. 18. 19	....	Au Secteur, n de l'Ourſe .... au nord.	4. 44. 01½ ...	1. 43. 38½	
			λ du Bouvier .... au ſud.	1. 24. 29⅓ ...	1. 35. 49⅔	
	9. 14. 38	....	Paſſage d'une étoile de la cinquième grandeur...	60. 36. 30 ...	60. 35. 20	
	9. 15. 58½	....	μ de la Balance ...... 4.e gr.	61. 55. 30 ...	61. 54. 20	228. 32. 25
	9. 17. 56	....	.... 6.e.	65. 33. 45 ...	65. 32. 35	
	9. 54. 34	9. 53. 43	1er bord de la Lune. 9h 55'½ bord ſup.	71. 08. 50 ...	71. 07. 40	
			Diam.	34 Révol. 22		
Le 13 au ſoir.	7. 44. 45½	....	Paſſage de l'Épi de la Vierge. quart-de-cercle mob.	91. 50 — 271	1. 43. 25	259. 09. 47½
	8. 10. 27½	....	Au Secteur .... n de l'Ourſe au nord.	4. 44. 02 ...	1. 43. 40	
	8. 39. 35½	....	Au Secteur ...... λ du Bouvier au ſud.	1. 24. 31⅓ ...	1. 35. 46½	
	8. 39. 27	....	Paſſage de λ du Bouvier.	1. 36. 55 ...	Diff. 1. 08¾	Centre.
	11. 39. 35½	....	l'informe au deſſous du pied d'Ophiucus	76. 41. 00 ...	76. 39. 50	259. 09. 57½
			Diam.	32. 28.		
	11. 47. 42¼	11. 46. 16½	1er bord } de la Lune. { bord inf.	77. 52. 45 ...	77. 51. 35	
	11. 50. 09¼	11. 48. 43½	2d bord } { bord ſup.	77. 21. 22½ ...	77. 20. 12½	
Le 14 au ſoir.	7. 40. 49¼	....	Paſſage de l'Épi de la Vierge	58. 40. 52½ ...	58. 39. 42½	
	8. 06. 32	....	Au Secteur, n de l'Ourſe	4. 44. 02,8	1. 43. 42	
Le 15	0. 01. 36½	....	Paſſage du Soleil en 2' 18" ..... bord ſup.	25. 15. 30 ...	25. 14. 20	25. 06. 55
			Le fil à plomb effleuroit le limbe ; mais il paroiſſoit		le 19 } Juin.	25. 06. 58
			dévier d'environ 5" à droite du point A1.		20 }	25. 07. 04
Le 19	0. 03. 40	....	Paſſage du 2d bord du Soleil. 25d 09' 00" ..	64. 50 + 69½	le bord ſupérieur.	Solſtitiales.
Le 20	0. 02. 46⅔	....	centre en 2' 17"¼. 25. 08. 30 ...	64. 50 + 92	Quart-de-C. mob.	25. 07. 13½
Le 22 au matin.	6. 10. 38¾	6. 07. 28¾	Paſſage du 2d bord de la Lune. à 6h 9'⅔ bord ſup.	48. 46. 30 ...	48. 45. 20	2. 42. 25
	7. 25. 57	7. 22. 47½	Le bord ſup. du Soleil. 31d 09' 55" } Diam.	31 Révol. 17½	... 30. 05	
	7. 32. 01	7. 28. 50¼	32. 09. 52½ } à l'orient.			
	7. 36. 06⅔	7. 32. 54¼	32. 50. 00 }			
Le 23			A Saint-Sulpice, le Diamètre du Soleil	9 pouces 8 lignes.		
			La trace des deux bords à 3 lignes de diſtance des	au foyer de 80 pieds.		
			traits gravés ſur le marbre, qu'on a découvert.			
Le 24	0. 03. 44½	....	Paſſage du Soleil en 2' 17"½ .... 25d 10' 20"	64d 49' 55" + 29		Lieu du Soleil.
Le 27	0. 04. 26⅔	....	...... 2. 16½ 25. 15. 50	64. 50 — 188		
au ſoir.	7. 42. 10¼	....	Arcturus 28. 21. 15	61. 40 — 15½		♋ 5. 45. 20
JUILLET. Le 2	0. 06. 36½	....	Paſſage du 2d bord du Soleil. bord ſup.	25. 33. 20	25. 32. 10	Les Tables donnent —2"¼ & +12"½
	7. 22. 31⅓	....	Arcturus	28. 21. 15	28. 20. 05	♌ 10. 31. 27½
Le 3	0. 06. 47½	....	Paſſage du 2d bord du Soleil. bord ſup.	25. 38. 10	25. 37. 00	157. 32. 12½
			Sur le mural, 31' 32"½ bis. Diam.	33 Révol. 01	... 31. 34⅔	
	3. 45. 15	3. 39. 35	Paſſage du 1er bord de la Lune, à 3h 46'¼ bord ſup.	37. 01. 30	37. 00. 20	
au ſoir.	8. 46. 00⅔	....	α du Serpent ..... à 23d½ Diam.	34 Révol. 10		157. 32. 22½
Le 4	0. 04. 40	....	1er bord du Soleil.			
Le 5 au ſoir.	0. 07. 06⅔	....	Paſſage du 2d bord du Soleil.			
	5. 22. 46	5. 16. 46½	1er bord de la Lune. à 5h 24' bord ſup.	50. 59. 17½ ...	50. 58. 07½	
	6. 18. 31	....	l'Épi de la Vierge. à 6h⅔ Diam.	34 Révol. 08	... 32. 42½	183. 58. 25
	7. 10. 42	....	Arcturus	28. 21. 15	28. 20. 05	183. 58. 20
Le 6 au ſoir.	....	7. 34. 45	Immerſion de l'Épi de la Vierge. à 27d¼ Diam.	33 Révol. 38	... 32. 27	♎ 19. 55. 40
	....	8. 45. 54	Émerſion vûe au Collège Mazarin.			♎ 20. 37 01

219.e Lunaiſon.

ANNÉE 1745. JUILLET.	TEMPS de la PENDULE.	TEMPS VRAI ou APPARENT.	ANNÉE M. DCCXLV.	DISTANCES AU ZÉNIT obfervées.	DISTANCES AU ZÉNIT corrigées.	ASCENSION DROITE du bord de la LUNE.
	H. M. S.	H. M. S.		D M Part. Micram.	D. M. S.	D. M. S.
Le 7 au foir.	0. 07. 26¼	....	Paffage du 2ᵈ bord du *Soleil*. A 26ᵈ¼ Diam.	33ᴿᵉᵛᵒˡ. 29	... 32. 15	
	6. 58. 59	6. 52. 39	1ʳ bord de la *Lune*, à 7ʰ 0' bord fup.	64. 14. 55	64. 13. 45	
	7. 02. 49¾	....	*Arcturus*.............	28. 21. 15 ...	28. 20. 05	210. 04. 30
Le 8 au foir.	11. 59. 22½	....	Paffage du *Soleil* a la pendule remife en mouvement.			
	6. 51. 59	....	*Arcturus* .... Diam.	33ᴿᵉᵛᵒˡ. 13	... 31. 52½	
	7. 42. 52½	....	1ʳ bord de la *Lune*, à 6ʰ 44' bord fup.	69. 43. 57½ ...	69. 42. 47⅓	
	9. 16. 34¼	....	celle qui fuit ⚹	76. 49. 32½ ...	76. 48. 22½	223. 47. 37½
Le 9	0. 00. 04¼	....	Paffage du *Soleil* en 2' 17". à 26ᵈ½.			
Le 11 au foir.	10. 16. 42½	....	La précédente des deux Étoiles... 3.ᵉ à 4.ᵉ gr.	81. 11. 00 ...	81. 09. 50	
	10. 19. 48⅓	....	Une autre............ 2.ᵉ à 3.ᵉ...	79. 00. 00 ...	78. 58. 50	
	10. 26. 30⅔	....	γ de la *Flèche du Sagittaire*.....	79. 11. 55 ...	79. 10. 45	
	10. 31. 14½	10. 29. 40	1ᵉʳ bord de la *Lune*. { bord fup. { bord inf.	77. 55. 00 ... 78. 25. 47½	77. 53. 50 78. 24. 37½	
			Diam. 32ᴿᵉᵛ. 13ᴾ. = 30' 55".			
	10. 39. 11½	....	Auffi vive que ♌	75. 55. 32½ ...	75. 54. 22½	
	10. 41. 44½	....	♌	78. 42. 40 ...	78. 41. 30	268. 33. 10
Le 16 au matin.	2. 01. 48	1. 57. 45	Paffage du 2ᵈ bord de la *Lune*. à 2ʰ 0'⅔ bord fup.	67. 18. 40 ...	67. 17. 30	
			Diam. 31ᴿᵉᵛ. 21ᴾᵃʳᵗ = 30'07"¼. 2ʰ 2' bord inf.	67. 48. 30 ...	67. 47. 20	
	2. 05. 25½	....	Paffage de l'étoile fous μ. .... 6.ᵉ gr.	65. 10.		
	2. 10. 59½	....	.... 4.ᵉ.	67. 01. 15 ...	67. 00. 05	
	2. 15. 10½	....	ι du *Verfeau* .... 3.ᵉ.	63. 56. 25 ...	63. 55. 15	
	2. 17. 27½	....	.... 5.ᵉ.	68. 35. 30 ...	68. 34. 20	324. 48. 52½
	0. 04. 09	....	Midi vrai par 2 hauteurs correfpondantes du Soleil.			
au foir.	6. 24. 16	....	Paffage d'*Arcturus*	28. 21. 25 ...	28. 20. 15	
Le 17 au matin.	2. 45. 00½	2. 40. 34	Paffage du 2ᵈ bord de la *Lune*. à 2ʰ 44' bord fup.	62. 12. 05 ...	62. 10. 55	
			Diam. 31ᴿᵉᵛ. 11ᴾᵃʳᵗ = 29' 55". 2ʰ 45' bord inf.	62. 41. 30 ...	62. 40. 20	
	2. 49. 35	....	La précédente	64. 47. 00 ...	64. 45. 50	
	2. 49. 39½	....	Celle qui fuit, auffi vive .... 6.ᵉ gr.	64. 50. 47½ ...	64. 49. 37½	
	2. 53. 01½	....	La première des deux, & la moins vive ⚹...	64. 14. 15 ...	64. 13. 05	
	2. 54. 57	....	⚹ du *Verfeau*	63. 46. 30 ...	63. 45. 20	
	2. 59. 57	....	♌	66. 00. 45 ...	65. 59. 35	
	3. 02. 17⅓	....	*Phomalhaut*	79. 45. 25 ...	79. 44. 15	
	3. 04. 22½	....	la petite Étoile qui fuit	79. 41. 45 ...	79. 40. 35	
	0. 03. 30¾	....	1ᵉʳ bord } du *Soleil* à 27ᵈ¾.			
	0. 05. 46¾	....	2ᵈ bord }			
au foir.	6. 20. 44⅔	....	*Arcturus*. 28ᵈ 21' 15"........	61. 40 — 11		336. 32. 05
Le 18 au matin.	2. 56. 25¼	....	Paffage de ♌ du *Verfeau*	66. 00. 37½ ...	65. 59. 27½	
	2. 58. 45¼	....	*Phomalhaut*............	79. 45. 25 ...	79. 44. 15	
	3. 07. 27½	....	*Markab* L'aiguille reculée de 1'.			
	3. 24. 59⅓	3. 20. 49	2ᵈ bord de la *Lune*. à 3ʰ 24' bord fup.	56. 38. 52½ ...	56. 37. 42½	
	3. 43. 54	....	la fuivante ω du *Fleuve*.	64. 47. 45 ...	64. 46. 35	
	4. 03. 16¾	....	la première des *Auftrales du Quadril.*	56. 17. 00 ...	56. 15. 50	347. 37. 47½
	0. 03. 10½	....	Paffage du 1ᵉʳ bord } du *Soleil*... 28ᵈ 07' 30". à 4ʰ¼. Diam.		... 29. 55	
	0. 05. 26	....	2ᵈ bord }			
Le 19 au matin.	3. 40. 15	....	Paffage de l'étoile ω du *Fleuve*.	64. 47. 45 ...	64. 46. 35	356. 22. 55
	4. 04. 15	3. 59. 43	2ᵈ bord de la *Lune*. à 4ʰ 3'½ bord fup.	50. 51. 30	50. 50. 20	
		4. 45. 00	.... { ..... la *Polaire*.	50. 50. + 251		
			Différ. 4ᵈ 07' 22"½ . . { le 7 Juin fous le Pole.	46. 50. — 28		
			Donc le Pole apparent	48. 52. 56¼	41. 06. 56	
	0. 03. 31¾	....	Paffage du 1ᵉʳ bord du *Soleil*. bord fup.	27. 46. 30	27. 45. 20	
			L'aiguille retrograde de 10' 00". inf.	28. 18. 05	28. 16. 55	
Le 24 au matin.	7. 32. 01	7. 35. 41½	Paffage du 2ᵈ bord de la *Lune*. à 7ʰ 31' bord fup.	24. 40. 40	24. 39. 30	57. 29. 45
	8. 39. 40¾	....	α de la *Chèvre*. 3ᵈ 10' 45". inf.	25. 11. 45	25. 10. 35	
	8. 44. 04½	....	*Rigel*	57. 22. 17½ ...	57. 21. 47½	
	11. 57. 31¾	....	2ᵈ bord du *Soleil*. à 29ᵈ.			
			Hauteurs correfpondantes du bord fupér. du *Soleil*. au matin. au foir.			
	11. 56. 15¾	Si la corr. —7⅓	9ʰ 25' 43"¼ ... 48ᵈ 30' 15" ... 2ʰ 26' 48"			
	11. 56. 16½	....	9. 30. 12⅔ ... 49. 00 + 301 2. 22. 20⅓			
			9. 32. 51 ..... 49. 30. 00			
	11. 56. 23⅓	....	Midi vrai..... 1"¼ ou 1" plus tôt qu'au mural.			Lieu du *Soleil*.
au foir.	5. 44. 34⅔	....	Paffage d'*Arcturus*	28. 21. 15	28. 20. 05	♌ 1. 30. 45

ANNÉE 1745. JUILLET.	TEMPS de la PENDULE.	TEMPS VRAI ou APPARENT.	ANNÉE M. DCCXLV.	DISTANCES AU ZÉNIT observées.	DISTANCES AU ZÉNIT corrigées.	ASCENSION DROITE du bord de la LUNE.
	H. M. S.	H. M. S.		D. M. Part. Microm.	D. M. S.	D. M. S.
Le 25 au matin.	....	4. 30. 00	A hauteur orient. de 40d¾. Diamètre de la Lune.	32 Révol. 26	... 31. 15	
	7. 59. 40½	....	Passage d'*Aldebaran*	32. 54. 00	32. 52. 50	72. 17. 07½
	8. 27. 28½	8. 30. 45½	2d bord de la *Lune*. 8h 26½ bord sup.	21. 45. 15	21. 44. 05	
	8. 36. 05½	....	α de la *Chèvre*	3. 10. 45	au zénit 1. 10	
	8. 40. 29¾	....	*Rigel*	57. 22. 15 ..	57. 21. 05	72. 17. 27½
	5. 40. 56¾	....	Passage d'*Arcturus* par 3 hauteurs correspondantes.	61. 40 — 12½	28. 20. 10	
	5. 40. 58¾	....	*Arcturus*	28. 21. 15	28. 20. 00	
	5. 49. 59¾	5. 53. 07½	*Jupiter*.. 213d 17' 47"½	61. 08. 15	61. 07. 05	
	7. 50. 18¾	....	*Antarès* .... le 24 à 7h 53' 54"¼	74. 40. 02½	74. 38. 52½	
Le 26	11. 58. 17	....	2d bord du *Soleil*.	15d 19' 55" + 35	74. 39. 10	
AOÛT. Le 1 au soir.	3. 09. 02	3. 10. 00	Passage du 2d bord de la *Lune*, à 3h 9'¼ bord sup.	48. 39. 00	48. 37. 47½	179. 15. 02½
	5. 15. 50	....	*Arcturus*.	15. 20 + 30	74. 39. 12½	
	7. 25. 09¼	....	*Antarès*.	74. 40. 02½	74. 38. 50	
Le 2	11. 58. 10	....	Passage du 1er bord } du *Soleil* à 31d⅙.			
	0. 00. 23¼	....	2d bord }			
Le 3 au soir.	4. 47. 46¼	4. 48. 15½	Passage du 1er bord de la *Lune*. 4h 47'½ bord sup.	62. 33. 40	62. 32. 27½	205. 49. 07½
	7. 27. 17⅓	....	ζ du *Serpentaire*	58. 53. 07¼	58. 51. 55	
		7. 35. 00	à haut. de 17d .... Diamètre.	33 Révol. 36	... 32. 25	
Le 4 au soir.	11. 58. 35½	....	Passage du 1er bord } du *Soleil*. à 31d⅓.			
	0. 00. 48½	....	2d bord }			
	5. 04. 58	....	*Arcturus*	28. 21. 17½ ..	28. 20. 05	219. 38. 45
	5. 17. 07¼	....	*Jupiter*	61. 27. 05	61. 25. 52½	
	5. 38. 45⅓	5. 39. 01	1er bord de la *Lune*. 5h 39'½ bord sup.	68. 24. 30	68. 23. 17½	
	7. 14. 17⅔	....	*Antarès*.	74. 40. 05	74. 38. 52½	
	7. 23. 39¾	....	ζ d'*Ophiucus*. Diam. 33 Riv. 22 Part. = 32' 05"	15. 20 + 28⅔	74. 39. 15	219. 38. 37½
Le 5 au soir.	6. 31. 55½	6. 31. 57½	Passage du 1er bord de la *Lune*, à 6h 33' bord sup.	73. 04. 30	73. 03. 17½	233. 45. 30
	7. 20. 01	....	ζ d'*Ophiucus*, à 15d¾... Diamètre.	33 Révol. 03	... 31. 37½	
	8. 03. 15⅔	....	ν la plus vive & précédente..	61. 25. 00	61. 23. 47½	
Le 7 au soir.	11. 59. 15½	....	Passage du 1er bord } du *Soleil* à 32d½. { du 6 au 7			
	0. 01. 28	....	2d bord } { 17"½.			
	7. 56. 06¼	....	ν d'*Ophiucus*,	61. 25. 00	61. 23. 47½	263. 41. 30
	8. 24. 11	8. 23. 45½	1er bord de la *Lune*. 8h 25'½ bord sup.	77. 53. 15	77. 52. 02½	
Le 10 au soir.	10. 40. 37½	....	Celle qui est boréale & qui précède.			
	10. 42. 16½	....	la suivante α du *Capricorne*	62. 09. 52½ ...	62. 08. 40	307. 03. 47½
	10. 48. 39¾	....	.... 5.e grand.	69. 04. 30	69. 03. 17½	
	10. 51. 01⅔	....	π. 4.e	67. 52. 02½ ...	67. 50. 50	
	10. 52. 37	....	ρ 4.e	67. 28. 30	67. 27. 17½	
	10. 52. 45	....	la petite qui suit .... Diam.	31 Révol. 19	... 30. 05	
	11. 06. 26⅔	11. 05. 25	1er bord de la *Lune*. à 11h 07'¼ bord sup.	73. 05. 00	73. 03. 47½	
Le 11 au soir.	6. 49. 06	....	Passage d'*Antarès*. Froid.	74. 40. 05	74. 38. 52½	
	7. 41. 43	....	ν d'*Ophiucus*.	61. 25. 07½ ...	61. 23. 55	
	11. 36. 13⅔	....	au dessus du *Bras du Verseau*.	65. 03. 30	65. 02. 17½	
	11. 42. 37¼	....	ι.	66. 44. 40	66. 43. 27½	
	11. 46. 38	....	ζ du *Capricorne*	72. 19. 45	72. 18. 32½	
	11. 53. 59¼	11. 52. 45½	Passage du 1er bord } de la *Lune*. { bord supér.	68. 57. 30	68. 56. 17½	☾ ☍ Centre.
	11. 56. 10⅓	11. 54. 56⅔	2d bord } { bord infér.	69. 27. 22½ ...	69. 26. 10	
	11. 57. 22	....	ε à 69d⅔. Diam.	31 Révol. 15	... 30. 00	320. 07. 15
Le 12 au matin.	0. 02. 55¾	....	κ du *Capricorne*	68. 51. 00	68. 49. 45	
	6. 54. 53¾	....	*Aldebaran*.	32. 54. 00	32. 52. 45	
	0. 00. 13¾	....	1er bord } du *Soleil* à 33d⅞.			
	0. 02. 25¼	....	2d bord }			
au soir.	10. 25. 45½	....	la boréale & la plus vive des deux...	59. 38. 10	59. 36. 55	
	10. 32. 03	....	une autre plus vive .... 5.e grand.	62. 59. 00	62. 57. 45	
	10. 33. 24½	....	.... 5.e	61. 56. 45	61. 55. 30	
	10. 34. 39½	....	la 1.ère α du *Capricorne* .. 4.e	62. 07. 30	62. 06. 15	
	10. 35. 03	....	la deuxième & australe.			
	10. 37. 39½	....	.... 5.e	62. 23. 30	62. 22. 15	

220.e Lunaison.

ANNÉE 1745. AOÛT.	TEMPS de la PENDULE.	TEMPS VRAI ou APPARENT.	ANNÉE M. DCCXLV.	DISTANCES AU ZÉNIT observées.	DISTANCES AU ZÉNIT corrigées.	ASCENSION DROITE du bord de la LUNE.
	H. M. S.	H. M. S.		D. M. Part. Microm.	D. M. S.	D. M. S.
Le 13 au matin.	0.10.18	. . . . .	Paffage de μ du Capricorne	63.35.05	63.33.50	332.04.57½
	0.20.46½	. . . . .	. . . . .	56.35.45	56.34.30	Centre.
	0.23.32½	. . . . .	ι du Verseau	63.56.15 ::		332.05.05
	0.23.36½	. . . . .	α du Verseau	50.24.30	50.23.15	
	0.27.52	. . . . .	e	61.39.25	61.38.10	
	0.38.07	0.36.42	1er bord } de la Lune. { bord sup.	64.02.20	64.01.05	
	0.40.12¼	0.38.47¾	2d bord } { bord inf.	64.32.10	64.30.55	
	6.51.17½	. . . . .	Aldebaran. 32d 54' 00" Diam.	31 Révol. 13½	. . .29.57½	
Le 17	0.00.41¼	. . . . .	Paffage du 1er bord } du Soleil. { l'aiguille — 4'			
	11.58.52½	. . . . .	2d bord } { la lentille baissée.			
Le 19 au matin.	4.38.37½	4.42.01	Paffage du 2d bord de la Lune. à 4h 37'½ bord sup.	30.28.55	30.27.40	38.54.20
	8.19.08½	8.22.38½	Hauteur orient. du bord sup. du Soleil. 33d 00'.			
Le 21 au matin.	6.16.25½	6.21.10	Paffage du 2d bord de la Lune. { bord sup.	23.11.15	23.10.00	
			{ bord inf.	23.40.17½	23.39.02½	
	6.51.35½	. . . . .	α de la Chèvre . . . . . Diam.	32 Révol. 30½	. . .31.20	
	6.55.58¼	. . . . .	Rigel	57.22.17½ . . .	57.21.02½	65.38.32½
Le 23 au matin.	8.11.44½	8.17.55½	Paffage du 2d bord de la Lune. { bord sup.	20.23.30	20.22.15	96.43.40
			{ bord inf.	20.56.15	20.55.00	
	11.54.47½	. . . . .	2d bord du Soleil. à 8h 12'¼	69d 00'07"¼ +174	20.55.05	
Le 24 au matin.	4.47.16⅔	. . . . .	Paffage de α de Persée . . . . . Au nord.	0.02.30	au zénit — 1.15	112.50.40
	9.12.37	9.18.32	2d bord de la Lune. à 9h 9'⅓ bord inf.	22.39.45	22.38.30	112.50.05
	11.54.05½	. . . . .	2d bord du Soleil.			
Le 25 au soir.	11.53.30	. . . . .	Paffage du 2d bord du Soleil.			
	6.57.17⅔	. . . . .	α d'Ophiucus	36.06.15	36.05.00	
Le 27 au soir.	7.25.16½	. . . . .	La fuivante de deux Étoiles	69.37.15	69.36.00	
	7.26.56½	. . . . .	Une autre μ du Sagittaire	69.56.30	69.55.15	
	7.37.01	. . . . .	la première d'un triangle	75.34.55	75.33.40	
	7.37.26½	. . . . .	λ	74.21.45	74.20.30	
	7.38.50½	. . . . .	la petite qui fuit	74.13.15	74.12.00	
	7.53.33½	. . . . .	α de la Lyre	10.19.02½ . . .	10.17.52½	
Le 29 au soir.	7.07.24	. . . . .	Au Secteur γ du Dragon. Au nord.	5.40.12,4 . . .	2.39.51	
	7.15.03½	. . . . .	Paffage de μ du Sagittaire	70.56.15 . . .	70.55.00	
	7.16.43	. . . . .	la fuivante	69.37.05 . . .	69.35.50	
	7.44.50¾	. . . . .	α de la Lyre	10.19.02½ . . .	10.17.47½	
	7.55.50⅓	. . . . .	σ du Sagittaire	75.24.30	75.23.15	
Le 30 au soir.	11.47.47¾ } 11.58.17¾ }	. . . . .	Paffage du 1er bord du Soleil. L'aiguille avancée de 10' 30", & la lentille remontée.			
	6.46.16¼	. . . . .	Paffage de α du Serpentaire.			
	7.23.02½	. . . . .	La boréale des deux qui fuivent μ du Sagittaire.	69.37.02½ . . .	69.35.47½	
221.e Lunaison. SEPT. Le 3 au soir.	6.24.19⅓	6.25.00	Paffage du 1er bord de la Lune. bord sup.	77.43.55	77.42.40	
			12d 20' — 104 part. inf.	78.14.32½ . . .	78.13.17½	
	6.59.17½	. . . . .	Au Secteur γ du Dragon. Au nord.	5.40.10,9 . . .	2.39.49½	
	7.36.44⅓	. . . . .	Paffage de α de la Lyre. le 2 à 7h 40' 24"½.			
	7.38.02½	. . . . .	φ du Sagittaire	76.02.45	76.01.30	258.57.52½
Le 4 au soir.	0.00.20¼	. . . . .	Paffage du 2d bord du Soleil.			
	7.09.23¼	. . . . .	δ du Sagittaire	78.42.45	78.41.30	274.10.05
	7.21.20¼	7.22.03½	1er bord de la Lune. bord sup.	78.08.00	78.06.45	
	7.33.05⅓	. . . . .	α de la Lyre. Diam.	32 Révol. 06½	. . .30.45	
	7.34.22¾	. . . . .	φ	76.02.45	76.01.30	
Le 5 au soir.	11.58.08	. . . . .	Paffage du 1er bord } du Soleil à 42d ⅛.			
	0.00.17	. . . . .	2d bord }		au nord.	
	6.51.56½	. . . . .	Au Secteur, γ du Dragon	5.40.12	2.39.50½	
	7.05.43	. . . . .	Paffage de δ du Sagittaire	78.42.57½ . . .	78.41.42½	
	7.16.13	. . . . .	L'étoile qui fuit le Colure . . . . . Au Secteur	3.08.46¾ . . .	0.08.27	
	7.30.43¼	. . . . .	Paffage de φ	76.02.45	76.01.30	288.53.55
	7.40.25¼	. . . . .	σ . . . . . (Diam. 30' 23")	75.24.35	75.23.20	288.54.05
	8.16.26	8.17.12½	1er bord de la Lune. bord inf.	77.24.52½ . . .	77.23.37½	
			bord sup. 76d 54' 32"½.	12.40 — 165	77.24.20	

Année 1745. Sept.	Temps de la Pendule. (H. M. S.)	Temps vrai ou apparent. (H. M. S.)	Année M. DCCXLV.	Distances au Zénit observées. (D. M. Part. Micron.)	Distances au Zénit corrigées. (D. M. S.)	Ascension droite du bord de la Lune. (D. M. S.)
Le 6 au matin.	5.57.22		Passage de α de la *Chèvre.* 3d 10' 52"½	3.10.55....	3.09.40	
	5.57.27½		Au Secteur. . . . . . . vers le Sud.	— 09.16½....	3.09.34	
			Au quart-de-cercle mural, le fil à plomb paroissoit effleurer le limbe; mais il dévioit du point *A* de 7"½ à droite, ou de 10" tout au plus.	41.31.50....	41.30.35	Lieu du *Soleil.*
			α d'*Orion.*	48.30 — 35	41.30.47	
	7.33.06		Passage de *Sirius.* . . . . . 65d 13' 47"½....	24.40 + 274½	65.12.42½	
	8.25.03½		*Procyon.*	43.00.35....	42.59.20	♍ 13.52.37 plus avancé de 33" que selon les Tables.
	9.01.11		*Vénus.*	30.06.45....	30.05.30	
	11.58.05		1er bord } du *Soleil.* bord inf.	42.47.20....	42.46.05	
	0.00.14		2d bord }			
	Midi non corrigé.		Hauteurs correspondantes du bord supér. du *Soleil.* (au matin — au soir)			
	11.58.53⅓	+ 17	8h 55' 10"¼ .. 32d 50' 00" .. 3h 02' 36"			
	11.58.53½		8.55.20½ ...... + 50. 3.02.26½			
	11.58.53⅛		8.58.47¼ ... 33.20.05 .. 2.58.59½			
	11.58.53½		8.58.57¼ ... + 50. 2.58.49½			
	11.59.10½		Midi vrai . . . . . 1" plus tard qu'au mural.			
au soir.	6.48.08		Au Secteur tourné vers l'orient. γ du *Dragon.*	0.20.24½...	2.39.53,2	
	7.02.02½		Passage de δ du *Sagittaire.*	78.43.00....	78.41.45	302.49.37½
	7.12.27		L'étoile qui suit le *Colure.* . . . . au Secteur.	2.51.53...	0.08.26,7	
	9.08.21	9.09.11½	Passage du 1er bord de la *Lune.* 9h 9'½ bord sup.	74.45.25....	74.44.10	302.49.00
	9.13.44		Étoile au dessous de o du *Capricorne.*	69.14.45....	69.13.30	
Le 7 au soir.	7.08.44½		Au Secteur, l'étoile qui est au nord	2.51.55,4...	0.08.24,2	
	7.23.19½		Passage de φ du *Sagittaire.*	76.02.45....	76.01.30	
Le 8 au soir.	11.57.54½		Passage du 1er bord du *Soleil* à 11h 59' bord sup.	43.00.22½...	42.59.07½	
	6.40.49		Au Secteur. . . . . . γ du *Dragon.*	0.20.28⅘...	2.39.49,3	
	7.05.07½		L'étoile qui suit le *Colure* vers le nord	2.51.55¾...	0.08.23,9	
			Au quart-de-cercle mural.	0.07.15....	— 1.10	
	7.18.24½		Passage de α de la *Lyre.*	10.19.02½...	10.17.47½	327.58.25
	10.41.23¾	10.42.24	1er bord de la *Lune.* 10h 42'⅓ bord inf.	66.15.22½...	66.14.07½	
			Diam. 31 Rév. 13 part. = 29' 57"½. bord sup.	65.45.20!!		
	10.46.31		Passage de e du *Verseau.*	61.39.30....	61.38.15	327.58.22½
	10.49.40		. . . .	71.09.45....	71.08.30	
	10.52.38½		. . . .	62.56.22½...	62.55.07½	
Le 9 au matin.	8.14.04¼		Passage de *Procyon.*	43.00.32½...	42.59.17½	
	11.57.54		1er bord } du *Soleil.* bord sup.	43.23.00....	43.21.45	
	0.00.02		2d bord }			
au soir.	6.37.17½		Au Secteur. . . . . γ du *Dragon.*	5.40.13,9...	2.39.52⅓	
	7.01.35		L'étoile qui suit le *Colure.* . . . . au nord.	3.08.47....	0.08.27,2	
	7.01.27		Passage au mural, 0d 07' 15".	0.07.12½...	— 1.12½	
	11.11.39¼		Passage de la 2.e après σ du *Verseau.* . . 5.e gr.	60.11.45....	60.10.30	
	11.15.37⅔		Celle qui précède g. . . . . 2.e à 3.e gr.	68.59.30....	68.58.15	
	11.21.51¾		La plus vive & la 2.e τ.	63.46.37½...	63.45.22½	339.24.02½
	11.23.20½	11.24.22½	1er bord de la *Lune.* 11h 24'½ bord. sup.	60.27.30....	60.26.15	
			Diam. 32 Rév. 09p. = 29' 50". 11. 24⅔	60.57.15....	60.56.00	
	11.29.12¼		Passage de *Phomalhaut*	79.45.25....	79.44.10	
Le 10 au matin.	5.42.47		Passage de α de la *Chèvre.* 3d 10' 47"¼ ou 50"	86.50 + 10	3.09.32½	
	5.47.08½		*Rigel.*	57.22.15....	bis.	
	11.57.51		Passage du 1er bord } du *Soleil* à 44d.			
	11.59.59½		2d bord }			
au soir.	6.33.39½		Au Secteur . . . . . γ du *Dragon.*	5.40.11....	2.39.49,5	
	6.57.56		L'étoile qui suit le *Colure*	3.08.44....	0.08.24,2	
			Au quart-de-cercle mural.	0.07.15....	— 1.10	
	11.23.12⅓		Passage de δ du *Verseau.*	66.00.45....	65.59.30	
	11.25.33		*Phomalhaut.*	79.45.30....	79.44.15	
	11.43.27½		Passage d'une étoile . . . . . 6.e grand.	60.55.07½...	60.53.52½	
	11.46.43¾		La moyenne ψ du *Verseau* . . . 5.e	59.25.15...	59.24.00	

ANNÉE 1745. SEPTEMB.	TEMPS de la PENDULE.	TEMPS VRAI ou APPARENT.	ANNÉE M. DCCXLV.	DISTANCES AU ZÉNIT observées.	DISTANCES AU ZÉNIT corrigées.	ASCENSION DROITE du bord de la LUNE.
	H. M. S.	H. M. S.		D. M Part. Microm.	D. M. S.	D. M. S.
Le 11 au matin.	0.03.20	0.04.25	Passage du 1er bord } de la Lune. { 0h 4'½ bord sup.	54.45.02½	54.43.47½	Centre. 350.34.17½
	0.05.22	0.06.27	2d bord } { 0.5 ..... inf.	55.15.30	55.14.15	
	0.19.04½	....	L'informe au delà de l'*Eau du Verseau*.	60.14.45	60.13.30	
			Diam. 2' 02"⅛ = 29' 27" ..... le vertical.	31 Révol. 10.	... 29.52½	
	7.14.48½	....	Passage de *Sirius* ..... 65d 13' 45".	24.40 + 278¼	65.12.37½	
	8.06.45¼	....	*Procyon*	43.00.32½	42.59.17½	350.35.15
	11.59.55⅖	....	2d bord du *Soleil* à 44d ⅔.			
au soir.	11.39.50½	....	..... 6.e grand.	60.55.12½	60.53.57½	
	11.43.06½	....	La moyenne ⚹ du *Verseau*.	59.25.15	59.24.00	
Le 13 au matin.	2.46.07	2.47.32	Passage du 2d bord de la *Lune*. à 2h 45' bord sup.	32.03.37½ ...	32.02.22½	
	2.51.26	....	ν du *Bélier* ..... 4.e à 5.e	28.01.42½ ...	28.00.27½	
	2.55.04	....	μ ..... 4.e gr. ...	29.57.45	29.56.30	34.46.55
	2.57.08½	....	La première d'un Triangle à π	32.12.02½ ...	32.10.47½	
	3.01.17	....	La deuxième sur la base.			
	3.02.05¾	....	π 32d 29' 00" Diam.	31 Révol. 22	... 30.10	34.46.40
	6.39.40	....	L'étoile qui suit le *Colure*.	3.08.44¾ ...	0.08.25	
Le 16 au matin.	3.29.28½	....	Au Secteur, α de *Persée*. ..... au nord.	3.04.09¾ ...	0.03.50	
	3.31.44½	3.33.15½	Passage du 2d bord de la *Lune*. à 3h 32' bord sup.	27.24.10	27.22.55	
	3.55.40	....	η des *Pléiades*. (Diam. 30' 30")	25.34.45	25.33.30	47.06.25
	3.57.19¾	....	f	25.37.30 ...	25.36.15	
	5.20.53	....	α de la *Chèvre*. 86d 50' 17"½	3.11.00	3.09.45	
	5.25.16	....	*Rigel*	57.22.15	57.21.00	
	5.41.55½	....	δ d'*Orion*	49.22.15	49.21.00	
	5.46.12	....	ε	50.14.45	50.13.30	
	6.04.17	....	α	41.31.45	41.30.30	
	6.56.36½	....	*Sirius*	65.13.42¼ ...	65.12.27½	
Le 17	6.08.00	....	Au Secteur ..... γ du *Dragon*.	5.40.11,4 ...	3.39.50⅞	
Le 18 au soir.	11.59.17	....	Passage du 2d bord du *Soleil*. à 47d 1/10.			
	6.28.30	....	L'étoile qui suit le *Colure*	3.08.46½ ...	0.08.26,7	
	6.41.42	....	α de la *Lyre*	10.19.00	10.17.45	
Le 19 au soir.	6.00.30	....	Au Secteur ..... γ du *Dragon*.	5.40.12⅔ ...	2.39.52	
	6.24.44	....	..... l'étoile du *Colure*.	3.08.46	0.08.26,2	
	6.37.55½	....	α de la *Lyre*.	10.19.00	10.17.45	
Le 21 au matin.	8.10.05½	8.12.13½	Passage du 2d bord de la *Lune*. à 8h 9' bord inf.	24.16.30	24.15.15	121.32.45
	....	8.15.00	Diam.	33 Révol. 25½	... 32.10	
	9.13.34½	....	*Vénus*. 57d 00' — 84.part.	33.03.20	33.02.05	
	11.56.44	....	1er bord } du *Soleil*. bord sup.	42.00 + 13	47.59.33	
	11.58.52½	....	2d bord }	48.00.40	47.59.25	
au soir.	5.53.18	....	Au Secteur tourné vers l'orient ... γ du *Dragon*.	0.20.24¼ ...	2.39.53,7	
	6.30.40½	....	α de la *Lyre*.	10.19.00	10.17.45	
	6.41.40	....	σ du *Sagittaire*.	75.24.30	75.23.15	
Le 22 au matin	9.07.57½	9.10.07	Passage du 2d bord de la *Lune*. à 9h 7' bord inf.	28.47.12½ ...	28.45.57½	136.57.02½
	9.14.30⅔	....	*Venus*, différence comme hier, 1'4 ou 7".	56.40 + 78½	33.17.47	
			Hauteurs correspondantes du bord sup. du *Soleil*.	33.19.00	33.17.45	
Midi non corrigé.	11.57.31¾	cort. + 18⅓	9h 28' 11" ... 32d 00' 00" ... 2h 28' 52"½			
	11.57.31⅞	....	9.28.22½ ... +50 .... 2.28.41¼			
	11.57.31⅞	....	9.31.03 .... 32.20.00 .... 2.26.00½			
	11.57.31⅞	....	9.31.14½ ... +50 .... 2.25.49¼			
	11.57.50¼	....	Midi vrai ..... 3"½ plus tard qu'au mural.	41.40 — 117½	48.22.59	
	11.56.42½	....	Passage du 1er bord } du *Soleil*. bord sup.	48.24.00	48.22.45	
	11.58.51	....	2d bord }			
au soir.	5.49.19½	....	Au Secteur ..... γ du *Dragon*.	0.20.24¼ ...	2.39.53½	Lieu du *Soleil*.
	6.14.45	....	..... l'étoile proche le *Colure*.	2.51.54	0.08.25,7	
	6.27.00½	....	Passage de α de la *Lyre*.	10.19.00	10.17.45	♏ 29.29.43 plus avancé de 19" que selon les Tables.
	6.28.18¾	....	φ du *Sagittaire*.	76.02.45	76.01.30	
	6.38.01	....	σ	75.24.30	75.23.15	

ANNÉE 1745. SEPTEMB.	TEMPS de la PENDULE.	TEMPS VRAI ou APPARENT.	ANNÉE M. DCCXLV.	DISTANCES AU ZÉNIT observées.	DISTANCES AU ZÉNIT corrigées.	ASCENSION DROITE du bord de la LUNE.
	H. M. S.	H. M. S.		D. M. Part. Microm.	D. M. S.	D. M. S.
Le 23 au matin.	6.30.45½	....	Passage de *Sirius*, 65d 13′ 45″	24.40 + 270	65.12.50½	
	7.22.43½		*Procyon* 43.00.32½	47.00.12½ ...	42.59.41	151.45.37½
	10.03.25	10.05.34½	2d bord de la *Lune*. 10h 3′ bord inf.	34.46.52½ ...	34.45.47½	151.45.15
	11.56.43	....	Passage du 1er bord } du *Soleil*. { bord supérieur.	48.47.20 ...	48.46.15	Lieu du *Soleil*
	11.58.51⅓		2d bord } { bord inférieur.	49.19.30 ...	49.18.15	♎ 0.28.43½ plus avancé de 48″½ que selon les Tables.
au soir.	6.45.44	....	Au Secteur .... γ du *Dragon*.	0.20.22½ ...	2.39.55,7	
			Depuis le 6 jusqu'au 20 Septembre, l'ouverture du toit en entonnoir, pour γ du *Dragon*, n'a pas été assez complète.			
	7.10.00	....	...... l'étoile proche le *Colure*.	2.51.50⅔ ...	0.08.29	
	6.34.24½		Passage de σ du *Sagittaire*	75.24.37½ ...	75.23.22½	
	9.47.13		α du *Verseau*	50.24.30 ...	50.23.15	
Le 24 au matin.	4.14.55½	....	Passage d'*Aldebaran*	32.54.00 ...	32.52.45	Centre.
	5.07.30	5.09.25	Émersion de l'étoile χ du *Lion*. Diam.	35 Révol. 30 ...	...34.10	♍ 10.05.37½ plus avancé de 2′ 17″½ que selon les Tables.
			L'émersion s'est faite dans la ligne des *Cornes*.		ou 00	
	7.19.03½	....	Passage de *Procyon*	43.00.35 ...	42.59.20	
Le 25 au matin.	5.31.31	....	Au Secteur, celle qui suit o d'*Auriga*... au sud.	4.01.21½ ...	1.01.01,7	
			Au quart-de-cercle mural la même étoile.	1.02.17½ ...	1.01.02½	
	7.15.30½		Passage de *Procyon* ...... 43d 00′ 35″	47.00 + 11	42.59.36½	
au soir.	5.38.32½		Au Secteur .... γ du *Dragon*.	0.20.24¼ ...	2.39.53,2	
	6.02.50		...... l'étoile qui suit le *Colure*.	2.51.54 ...	0.08.25,7	
	6.16.13¼		α de la *Lyre* .... σ au *Méridien*.	75.24.30 ...	75.23.15	
	6.17.32		φ	76.02.45 ...	76.01.30	
Le 26 au matin.	4.07.43½		Passage d'*Aldebaran*	32.53.55 ...	32.52.40	
	4.44.19		Au Secteur, α de la *Chèvre*. 0d 11′ 13″,9 ; le fil sur	5.58.44½ ...	3.09.36½	
	5.05.59½		La précédente de plusieurs étoiles.	50.39.25 ...	50.38.10	
	5.09.28½		Passage de ε d'*Orion* à la lunette immobile sur	50.14.45 ...	50.13.30	
	11.56.33½		1er bord } du *Soleil*. bord sup.	40.00 + 118	49.56.47½	♎ 3.25.30 plus avancé de 39″ que selon les Tables.
	11.58.42½		2d bord }			
au soir.	6.12.25½		α de la *Lyre*.			
	6.13.44		φ du *Sagittaire*.	76.02.45 ...	76.01.30	
	6.23.26		σ.	75.24.30 ...	75.23.15	
OCTOB. Le 1 au soir.	11.56.21	....	Passage du 1er bord } du *Soleil*. bord sup.	51.54.45 ...	51.53.30	
	11.58.29½		2d bord }			
	5.21.00	5.23.31	1er bord de la *Lune*. bord sup.	78.14.00 ...	78.12.45	268.47.15
	5.54.14		α de la *Lyre*. Diam.	32 Révol. 24 ...	...31.10	
	6.05.14⅓		σ du *Sagittaire*.			
Le 2	Midi non corrigé.		Hauteurs correspondantes du bord sup. du *Soleil*. au matin. — au soir.			
	11.57.15⅛	... + 18⅓	10h 22′ 39″ ... 33d 50′ 00″ ... 1h 31′ 51″¼			
	11.57.1+½		10.22.55¼ ... + 50 ... 1.31.33¾			
	11.57.1+¼		10.26.57¾ ... 34.10.00 ... 1.27.31¼			
	11.57.14⅝		10.27.14¾ ... + 50 ... 1.27.14½			
	11.57.33		Midi vrai. ...... 3″ plus tard qu'au mural.			
	11.56.25¼		Passage du 1er bord } du *Soleil*. à 52d 35′.			Lieu du *Soleil* plus avancé de 29″½.
	11.58.34¼		2d bord }			
au soir.	5.50.42¾		Passage de α de la *Lyre*. Diam.	32 Révol. 06 ...	...30.45	♎ 9.19.18
	5.52.01¼		φ du *Sagittaire*.	76.02.45 ...	76.01.30	
	6.01.43¼		σ ...... 14d 30′ + 244 p ½.	75.24.30 ...	75.23.15	284.00.37½
	6.13.15½		τ	76.50.00 ...	76.48.45	
	6.18.13⅔	6.20.39	2d bord de la *Lune*. 12d 00′ — 69½	78.02.50 ...	78.01.35	
			A l'autre lunette de 9 pieds. Diam. 30′ 40″½. inf.	78.32.15 ...	78.31.00	
Le 3	11.56.33	....	Passage du 1er bord } du *Soleil*.			
	11.58.42		2d bord }			
au soir.	5.58.13½	....	σ du *Sagittaire*. ... 75d 24′ 30″	14.30 + 258	75.22.10	298.22.55
	6.05.06		ζ	79.01.15 ...	79.00.00	
	6.18.37		♃	74.29.47½ ...	74.28.32½	
	7.12.04¾	7.14.23½	1er bord de la *Lune*. bord inf.	75.48.07½ ...	75.46.52½	

222.ᵉ Lunaison.

ANNÉE 1745. OCTOB.	TEMPS de la PENDULE.	TEMPS VRAI ou APPARENT.	ANNÉE M. DCCXLV.	DISTANCES AU ZÉNIT observées.	DISTANCES AU ZÉNIT corrigées.	ASCENSION DROITE du bord de la LUNE.
	H. M. S.	H. M. S.		D. M. Part. Microm.	D. M. S.	D. M. S.
Le 4 au soir.	11. 56. 36¼	. . . .	Paſſage du 1er bord } du Soleil à 53d ⅔.			
	11. 58. 45¼	. . . .	2d bord }			
	5. 43. 36⅓	. . . .	α de la Lyre.			
	5. 54. 37½	. . . .	σ du Sagittaire.	11. 00 — 08	79. 00. 12½	
	6. 01. 30½	. . . .	ζ	79. 01. 07½ . . .	78. 59. 52½	
	6. 06. 09½	. . . .	τ	76. 49. 50	76. 48. 35	311. 45. 00
	6. 15. 01⅔	. . . .	ψ	74. 29. 45	74. 28. 30	
	8. 01. 49¼	8. 04. 05	1er bord de la Lune. à 8h 2′ bord inf.	72. 18. 45	72. 17. 30	
	8. 04. 45	. . . .	η du Capricorne à 69d ⅔. Diam.	31 Révol. 21½	. . . 30. 10	
	8. 07. 02⅓	. . . .	la première χ du Capricorne.	70. 01. 00	69. 59. 45	
	8. 09. 34½	. . . .	2.e	. . . .	. . . .	311. 44. 45
	8. 09. 49¼	. . . .	3.e	70. 23. 50 . . .	70. 22. 35	
	8. 12. 22	. . . .	une autre de la 8.e grandeur.	70. 11. 45 . . .	70. 10. 30	
Le 5 au soir.	8. 35. 00	. . . .	(Diam. de la Lune. 31 Rév. 15½ Part. = 30′ 00″.)	67. 11. 15	67. 10. 00	
	8. 37. 08¼	. . . .	Paſſage de γ du Capricorne.	66. 38. 30	66. 37. 15	324. 08. 15
	8. 44. 07⅓	. . . .	d	66. 06. 40 . . .	66. 05. 25	
	8. 47. 41½	8. 49. 53½	1er bord de la Lune. 8h 48′ ⅓ bord. inf.	67. 52. 30	67. 51. 15	
Le 6 au soir.	11. 56. 42⅔	. . . .	Paſſage du 1er bord } du Soleil à 54d ⅛.			
	11. 58. 52½	. . . .	2d bord }			
	9. 18. 09½	. . . .	. . . . 6.e grand.	60. 19. 37½ . . .	60. 18. 22½	
	9. 24. 39	. . . .	σ du Verſeau.	60. 49. 27½ . . .	60. 48. 12½	
	9. 30. 23⅓	9. 32. 31	1er bord de la Lune. 9h 31′ ½ bord inf.	62. 45. 20 . . .	62. 44. 05	
	9. 35. 23⅔	. . . .	. . . . 6.e grand.	62. 19. 00 . . .	62. 17. 45	
	9. 36. 30	. . . .	. . . . 7.e . . .	62. 44. 10 . . .	62. 42. 55	
	9. 41. 37¼	. . . .	La précédente τ	64. 14. 15 . . .	64. 13. 00	
	9. 43. 32	. . . .	La ſuivante & la plus vive.	63. 46. 30	63. 45. 15	335. 44. 05
	9. 47. 28½	. . . .	. . . .	61. 48. 47½ . . .	61. 47. 32½	
	9. 56. 52½	. . . .	Phomalhaut.	79. 45. 30 . . .	79. 45. 15	
			Diam.	31 Révol. 08	. . . 29. 50	
Le 7 au matin	6. 24. 29½	. . . .	Paſſage de α des Gémeaux. 16d 27′ 47″½	73. 40 — 257½	16. 26. 35	
	6. 32. 05¼	. . . .	Procyon . . . . 43d 00′ 37″ . .	47. 00. + 20	42. 59. 20	
	6. 35. 51⅓	. . . .	β des Gémeaux . . 20. 15. 45 . . .	69. 40 + 195	20. 14. 42½	
au soir.			Hauteurs correſpondantes de α de la Lyre.			
Paſſ. au méridien.			A l'Orient. A l'Occident.			
	5. 32. 43¼	. . . .	4h 28′ 22″¼ . . 74d 30′ 00″ . . 6h 37′ 04″¼			
	5. 32. 43⅜	. . . .	4. 28. 32¼ . . . . . . + 50. 6. 36. 54½			
	5. 32. 43⁵⁄₈	. . . .	4. 32. 07 . . . . 74. 59. 57½ . . 6. 33. 20¼			
	5. 32. 43⅝	. . . .	4. 32. 16¼ . . . . . . + 50. 6. 33. 10½			
	5. 32. 43⅞	. . . .	4. 36. 04 ¼ . . 75. 30. 02½ . . 6. 29. 23¼			
	5. 32. 43⅞	. . . .	4. 34. 14¼ . . . . . . + 50. 6. 29. 13¼			
	5. 32. 43½	. . . .	Paſſage au Méridien, 1″ ½ plus tard qu'au mural.			
	5. 32. 42¼	. . . .	Paſſage de α de la Lyre.	14d 19′ 55″ + 250	75. 23. 27½	
	5. 43. 43¼	. . . .	σ du Sagittaire.	75. 24. 30	75. 23. 15	
	5. 50. 36¼	. . . .	ζ . . . . 11d 00′ — 5 part. . . .	79. 01. 15 . . .	79. 00. 00	
	5. 55. 14½	. . . .	τ . . . 13. 19. 57½ + 334.	76. 49. 50 . . .	76. 48. 35	
	10. 06. 10½	. . . .	La première ψ dans l'Eau du Verſeau. . . Diam.	31 Révol. 08	. . . 29. 50	
	10. 08. 18	. . . .	La moyenne ψ	59. 25. 15 . . .	59. 24. 00	
	10. 09. 20⅔	. . . .	La troiſième.	59. 51. 07½ . . .	59. 49. 52½	
	10. 10. 41⅔	10. 12. 47	Paſſage du 1er bord de la Lune, 10h 11′ ¼ bord inf.	57. 11. 00	57. 09. 45	
	10. 21. 29¼	. . . .	56d 32′ 30″. 10h 12′ ſup.	56. 41. 07½ . . .	56. 39. 52½	346. 46. 25
Le 8 au matin.	6. 20. 43¼	. . . .	Paſſage de α des Gémeaux. . . . 16d 27′ 45″	73. 40 — 257	16. 26. 35	
	6. 28. 19½	. . . .	Procyon 43. 00. 35	47. 00 + 19	42. 59. 22½	
	6. 32. 05¾	. . . .	β des Gémeaux. . . . 20. 15. 45	69. 40 + 195½	20. 14. 40	
au soir.	11. 58. 46⅔	. . . .	Paſſage du 2d bord du Soleil à 54d ⅞. à 11h Diam.	31 Révol. 08	. . . 29. 50	
	10. 49. 51¾	10. 52. 01	1er bord de la Lune. 10h 51′ bord inf.	50. 51. 22½ . . .	50. 50. 07½	
	10. 59. 30½	. . . .	Étoile proche la ſection d'♉ . . . . . 5.e grand.	51. 30. 10	51. 28. 55	357. 38. 00
Le 9 au matin.	6. 17. 12¼	. . . .	Paſſage de α des Gémeaux.	16. 22. 45	16. 21. 30	
	6. 24. 47⅔	. . . .	Procyon.			
	6. 28. 34	. . . .	β des Gémeaux.			
	11. 56. 45⅔	. . . .	Paſſage du 1er bord } du Soleil.			
	11. 58. 55	. . . .	2d bord }			

ANNÉE 1745. OCTOB.	TEMPS de la PENDULE.	TEMPS VRAI ou APPARENT.	ANNÉE M. DCCXLV.	DISTANCES AU ZÉNIT observées.	DISTANCES AU ZÉNIT corrigées.	ASCENSION DROITE du bord de la LUNE.
	H. M. S.	H. M. S.		D. M. Part. Microm.	D. M. S.	D. M. S.
Le 9 au soir.	5.25.30¾	....	Passage de α de la Lyre	10.19.00	10.17.45	
	5.36.31	....	σ du Sagittaire	75.24.30	75.23.15	
	5.43.24½	....	ζ	79.01.20	79.00.05	Centre.
	11.15.38	....	celle qui suit d du Lien	43.19.05	43.17.50	8.27.32½
	11.29.04⅔	11.31.07	1er bord } de la Lune. bord sup.	44.57.00	44.55.45	
	11.31.06	11.33.08¼	2d bord }			
	11.36.31½	....	5.e grand. à 46d⅛ .... Diamètre.	31 Révol.11½	...29.55	
	11.41.27	....	celle qui précède ε du Lien .. 4.e gr.	43.29.00	43.27.45	
	11.42.56::	....	la suivante. .... 4.e.	43.45.30	43.44.15	
Le 10 au soir. Le 11 au matin.	5.21.59¼	....	Passage de α de la Lyre.	10.19.00	10.17.45	
	0.09.05¼	0.10.58¾	Passage du 1er bord } de la Lune. { 0h 10'¼. sup.	39.10.10	39.08.55	
	0.11.09¼	0.13.01¾	2d bord } { 0.11⅓. inf.	39.39.45	39.38.30	
	0.09.52½	....	celle qui suit η du Lien des Poissons.	35.31.12½	35.29.57½	
	0.11.49¾	....	l'australe & suivante des deux. ...	38.05.52¼	38.04.37½	Centre.
	0.19.52⅓	....	o	41.24.25	41.23.10	19.22.05
	0.24.38⅔	....	.... 4.e grand.	41.00.00	39.58.45	
	0.45.01	....	Étoile avant α du Bélier.	27.27.05	27.25.50	
Le 12 au matin.	0.41.17¾	....	Étoile avant α du Bélier	27.27.10	27.25.55	31.01.25
	0.50.48½	....	Passage du 1er bord } de la Lune. { 0h 51'⅔. sup.	33.42.30	33.41.15	
	0.52.55	0.54.44	2d bord } { 0.53¼. inf.	34.12.15	34.11.00	
	0.57.25½	....	.... 5.e grand.	33.10.35	33.09.20	
			Diam.	31 Révol.23	...30.12½	
Le 16 au matin.	4.12.52	4.14.52½	Passage du 2d bord de la Lune. à 4h 13'½. bord inf.	20.52.10	20.50.55	
	4.14.46	....	α d'Orion .... Diam.	32 Révol.30	...31.20	
	4.19.42½	....	la plus vive & suiv. des deux. 6.e gr.	26.30.37½	26.29.22½	
	4.22.02¼	....	Propus	25.37.45	25.36.30	
	5.07.04½	....	Sirius	65.13.45	65.12.30	
	5.43.41	....	celle qui suit φ & d des Gémeaux ...	27.54.35	27.53.20	
	5.45.03½	....	r	28.08.15	28.07.00	
	5.45.45½	....	celle qui suit p la plus vive des trois.	26.56.15	26.55.00	
	5.51.42¼	....	La précédente du triangle au nord de b, à 19d 35'			
	5.53.20¼	....	ν des Gémeaux	21.26.45	21.25.30	
	5.59.01¼	....	Proçyon.	43.00.40	42.59.25	
	6.02.48½	....	β des Gémeaux	20.15.45	20.15.30	84.52.37½
Le 17 au matin.	5.10.16	5.12.12	Passage du 2d bord de la Lune. 5h 9'½ bord inf.	21.14.30	21.13.15	
			69d 30' — 62 bord sup.	20.32.45	20.31.30	
	5.55.22¼	....	Proçyon. 43.00.40 Diam.	33 Révol.04½	...31 40	
	5.59.09	....	β des Gémeaux	20.15.47½	20.14.32½	100.10.42½
Le 18 au matin.	5.55.27½	....	β des Gémeaux .... Diam.	33 Révol.23	...32.05	
	6.07.56½	6.09.50	2d bord de la Lune. à 6h 7' bord infér.	23.03.10	23.01.55	
	6.11.30¾	....	γ de l'Écrevisse.	24.37.10	24.35.55	115.33.25
Le 19 au matin.	6.14.48⅔	....	Passage de μ de l'Écrevisse	26.34.45	26.33.30	130.36.57½
	7.04.25	7.06.10½	2d bord de la Lune à 7h 3'½. bord inf.	26.44.47½	26.43.42½	
			Hauteurs correspondantes du bord supér. du Soleil.	33 Révol.39	...30.35	
	Midi non corrigé.		au matin. au soir.			
	11.57.57⅞	corr. + 19	9h 22' 46"½ .. 22d 10' 00" ... 2h 33' 09"¼			
	11.57.57⅜	....	9.22.58 .... + 50 ... 2.32.56¾			
	11.57.57⅜	....	9.25.50¾ ... 22.30.00 ... 2.29.04			
	11.57.57¼	....	9.26.03¼ ... + 50 ... 2.28.52½			
	11.58.16½	....	Midi vrai ...... 3" plus tard qu'au mural.			
	11.57.08	....	Passage du 1er bord } du Soleil à 59d.			
	11.59.19	....	2d bord }			
au soir.	4.48.45⅓	....	α de la Lyre.	10.19.05	10.17.50	
	4.59.47½	....	σ du Sagittaire	75.24.30	75.23.15	
	5.58.38	....	α de l'Aigle.	40.39.10	40.37.55	
Le 20 au matin.	6.04.18¼	....	Passage de γ de l'Écrevisse	24.37.15	24.36.00	
	6.11.15⅔	....	μ	26.34.45	26.33.30	145.08.20
	7.58.47	8.00.20	2d bord de la Lune. 7h 57'⅔. bord inf.	31.56.45	31.55.30	
	11.57.20⅔	....	1er bord } du Soleil à 59d⅗.			
	11.59.31¼	....	2d bord }			

ANNÉE 1745. OCTOB.	TEMPS de la PENDULE.	TEMPS VRAI ou APPARENT.	ANNÉE M. DCCXLV.	DISTANCES AU ZÉNIT observées.	DISTANCES AU ZÉNIT corrigées.	ASCENSION DROITE du bord de la LUNE.
	H. M. S.	H. M. S.		D. M. Part. Alteron.	D. M. S.	D. M. S.
Le 21 au matin.	8. 50. 58⅔	8. 52. 29½	Paſſage du 2ᵈ bord de la *Lune*. 8ʰ 50′ bord inf.	38. 19. 42½	38. 18. 27½	159. 08. 00
	11. 57. 26	....	Paſſage du 1ᵉʳ bord ⎱ du *Soleil* à 59ᵈ ¼.			
	11. 59. 37⅔	....	2ᵈ bord ⎰			
au ſoir.	0. 17. 55¾	....	*Arcturus*	28. 21. 30	28. 20. 15	159. 08. 50
	4. 52. 29¾	....	σ du *Sagittaire*	75. 24. 30	75. 23. 15	
Le 22 au matin.	9. 40. 08½	....	Paſſage de *Vénus*	44. 10. 20	44. 09. 05	
	9. 41. 39¼	9. 43. 06½	2ᵈ bord de la *Lune*. 9ʰ 40′ ¾ bord inf.	45. 30. 10	45. 28. 55	172. 48. 05
	11. 57. 23⅔	....	Paſſage du 1ᵉʳ bord ⎱ du *Soleil*.			
au ſoir.	11. 59. 35½	....	2ᵈ bord ⎰			
	0. 14. 06½	....	*Arcturus*	28. 21. 30	28. 20. 15	172. 49. 00
Le 24	11. 58. 23	....	Paſſage du *Soleil* en 2′ 12″⅓. & 11ʰ 56′ 24″.			
Le 26 au ſoir.	11. 56. 06⅔	....	Paſſage d'*Arcturus* .... à la nouvelle pendule.			
	11. 56. 51¼	....	2ᵈ bord du *Soleil*.			
	5. 29. 26½	....	α de l'*Aigle*.			
Le 28 au ſoir.	11. 55. 14¾	....	Paſſage du *Soleil* en 2′ 13″½ à 62ᵈ ⅛.			
	5. 21. 13⅓	....	α de l'*Aigle*.			
Le 30 au ſoir.	11. 55. 50½	....	Paſſage du 2ᵈ bord du *Soleil*.	13. 10 + 179	76. 45. 15	
	5. 05. 41½	5. 10. 57	1ᵉʳ bord de la *Lune*. 5ʰ 06′ ⅔ bord inf.	76. 46. 15	76. 45. 00	
			Diam. 32ᵗⁱᵉʳ 11ᵖᵃʳᵗ ½ = 30′ 52″½.	76. 15. 30		
	5. 12. 56¼	....	α de l'*Aigle*.	40. 39. 12½	40. 37. 57½	292. 48. 25
Le 31 au ſoir.	5. 08. 46½	....	Paſſage de α de l'*Aigle*	40. 39. 15	40. 38. 00	306. 50. 50
	5. 28. 29½	....	θ d'*Antinoüs*	50. 25. 15	50. 24. 00	
	5. 30. 24⅓	....	la ſuivante .... 4.ᵉ à 5.ᵉ gr.	50. 36. 55 ...	50. 35. 40	
	5. 33. 49¾	....	la première & la moins vive α.	62. 07. 45 ::		
	5. 34. 12¼	....	la 2.ᵉ α du *Capricorne*	62. 09. 57½	62. 08. 42½	306. 50. 55
	5. 36. 49	....	ν	62. 23. 35	62. 22. 20	
	5. 36. 58½	....	β.	64. 25. 15::		
	5. 42. 58½	....	π .... 4.ᵉ grand.	67. 52. 15	67. 51. 00	
	5. 44. 33⅔	....	ρ .... 4.ᵉ à 5.ᵉ .	67. 28. 45 ...	67. 27. 30	
	5. 44. 41	....	.... 8.ᵉ.	67. 31. 30::		
	5. 57. 32⅓	6. 02. 02½	1ᵉʳ bord de la *Lune*. 5ʰ 58′ ½. bord inf.	16. 25. 00	16. 23. 45	
			Diam. 31. 37¼		... 30. 32½	
NOVEMB. Le 2	11. 52. 55::	....	Paſſage du 1ᵉʳ bord ⎱ du *Soleil* à 63ᵈ ¼.			
	11. 55. 08	....	2ᵈ bord ⎰			
Le 5 au ſoir.	9. 09. 03⅔	....	Paſſage d'*Algénib*	35. 06. 12½	35. 04. 57½	
	9. 21. 11	....	Étoile proche la ſection d'♉ 48ᵈ 20′. Diam.	31ᴿᵉᵛᵒˡ. 12¼ ...	... 29. 57½	4. 24. 02½
	9. 26. 23⅔	10. 12. 05	Paſſage du 2ᵈ bord de la *Lune*. 9ʰ 27′ ½ bord inf.	47. 29. 15	47. 28. 00	
Le 6 au ſoir.	7. 01. 56¾	....	Paſſage de *Régulus*	35. 40. 30	35. 39. 15	
	10. 05. 26	....	1ᵉʳ bord de la *Lune*. 10ʰ 6′ ½ bord inf.	41. 39. 30	41. 38. 15	
	10. 32. 42½	....	n du *Lien des Poiſſons*	44. 40. 30	44. 39. 15	
	10. 36. 28⅔	....	o	41. 00. 00	40. 58. 45	15. 13. 22½
	10. 44. 06¾	....	γ du *Bélier*	30. 50. 17½ ...	30. 49. 02½	
	10. 51. 22	....	la première α.			
	10. 53. 19½	....	α du *Lien des Poiſſons*	47. 20. 20	47. 19. 05	
	10. 57. 21½	....	α du *Bélier*	26. 37. 32½	26. 36. 17½	
Le 7 au matin.	11. 02. 15	....	Paſſage d'*Arcturus*	28. 21. 37½ ...	28. 20. 22½	
	11. 51. 47½	....	Paſſage du 1ᵉʳ bord ⎱ du *Soleil* à 65ᵈ 33′.			
	11. 54. 02½	....	2ᵈ bord ⎰			
			Hauteurs correſpondantes du bord ſupér. du *Soleil*.			
Midi non corrigé.			A l'Orient. A l'Occident.			
	....	....	19ᵈ 30′ 00″ .. 1ʰ 52′ 59″½			
	11. 52. 43	Corr. + 16½	9. 54. 28 ... 19. 40. 00 ... 1. 50. 58			
	11. 52. 43	....	9. 54. 44 .. + 50 ... 1. 50. 42			
	....	....	9. 58. 36½ .. 20. 40. 00			
	11. 52. 59½	....	Midi vrai ..... 4″½ plus tard qu'au mural.			

ANNÉE 1745. NOVEMB.	TEMPS de la PENDULE.	TEMPS VRAI ou APPARENT.	ANNÉE M. DCCXLV.	DISTANCES AU ZÉNIT observées.	DISTANCES AU ZÉNIT corrigées.	ASCENSION DROITE du bord de la LUNE.
	H. M. S.	H. M. S.		D. M. Part. Microm.	D. M. S.	D. M. S.
Le 10 au soir.	11.53.52::	....	Passage du 2ᵈ bord du Soleil............	49.20 + 67	40.38.05	
	4.27.23¼	....	α de l'Aigle..........	40.39.15....	40.37.50	
Le 11 au matin.	1.09.53½	1.17.05	Passage du 2ᵈ bord de la Lune. bord sup.	22.42.20....	22.40.55	
	1.20.49¼	....	Étoile à 19ᵈ 47'½. A 1ʰ 9' bord inf.	23.13.15....	23.11.50	
	1.24.50¼	....	Une autre au-dessus de K du Taureau......	22.33.00....	22.31.35	
	1.45.22¼	....	α de la Chèvre.......	3.10.52½...	Corr. 1.23½	
	.49.44¼	....	Rigel...........	57.22.20....	57.20.55	
	1.57.42¾	....	β du Taureau...........	20.30.47½...	20.29.22½	66.34.30
			précédée de 0ʰ 37' 48" par une étoile à	20.07.15....	20.05.50	
Le 12 au soir.	4.19.13¼	....	Passage de α de l'Aigle............	40.39.20...	40.37.55	
	15.01.05::	15.08.22½	2ᵈ bord de la Lune. le centre.	20.42.30::	20.41.05	
Le 19 au matin.	8.14.45½	8.22.03 Lunette de 9 pieds.	Passage du 2ᵈ bord de la Lune. 8ʰ 15' bord inf. Diam. 33'20" plus petit de 6"½ qu'à l'autre lunette.	49.48.40....	49.47.15	180.22.50
	11.51.29	....	Passage du 1ᵉʳ bord } du Soleil à 68ᵈ ½.			
	11.53.47½	....	2ᵈ bord }			
Le 27 au soir.	1.50.31	1.56.54½	Passage du bord supér. du Soleil. 15ᵈ 30'+50ᵖ			292.15.47½
	1.50.48¼	1.57.12¼	.... 15.30 00			
	2.07.39¼		α de la Lyre...........	10.19.30...	10.18.05	
	3.41.33¼	3.47.53	1ᵉʳ bord de la Lune. 3ʰ 42' bord inf.	75.01.30...	75.00.05	
			à 4ʰ½ Diamètre. 30'43" & 30'50" à 14ᵈ⅛.	15.00 — 16½...	75.00.22½	
	4.11.42	....	Passage de α du Cygne... à 4ʰ 13'½.....	4.30.10....	4.28.45	
Le 28 au soir.	4.32.04¾	4.38.05	Passage du 1ᵉʳ bord de la Lune. bord inf.	71.10.05...	70.08.40	
	4.52.56½	....	β du Verseau..........	55.32.07½...	55.30.42½	
	4.55.16½	....	la boréale des trois avant ε.....	70.02.00::		
	4.57.33	....	ε du Capricorne..........	69.25.55...	69.24.30	
	5.00.42½	....	ϒ...........	66.38.45...	66.37.20	316.19.17½
		5.10.00	.... Diam.	32 Révol.02....	...30.37½	
Le 29	11.52.54½	....	Passage du 1ᵉʳ bord } du Soleil à 70ᵈ 27'¼.			
	11.55.14¼	....	2ᵈ bord }			
DÉCEMB. Le 1 au soir.	6.40.03⅓	6.45.23½	Passage du 1ᵉʳ bord de la Lune. 6ʰ 41' bord inf.	55.25.45....	55.24.20	
	6.45.37	....	celle qui précède λ des Poissons. 4.ᵉ gr.	48.10.20....	48.08.55	349.28.15
	6.57.25½	....	celle qui précède ω.........	42.02.17½...	42.00.52½	
			Diam.	31 Révol.18....	...30.05	
Le 2 au soir.	11.53.33⅓	....	Passage du 1ᵉʳ bord } du Soleil. bord sup.	70.35.30....	70.34.05	
	11.55.53¾	....	2ᵈ bord }			
	7.18.39¼	7.23.46½	1ᵉʳ bord de la Lune. 7ʰ 19'⅔. bord inf.	49.35.45....	49.34.20	0.09.47½
	7.22.43⅓	....	étoile du Quadrilatère de la section ♉	48.35.27½...	48.34.02½	0.10.10
	7.24.55::	....	.... 8.ᵉ grand.	48.42½::	Diam. 30.00	
	7.29.26⅔	....	....	52.29.30....	52.28.05	
	7.30.20::	....	celle qui suit la plus vive.. 5.ᵉ grand.	48.20.00....	48.18.35	
	7.34.47½	....	.... 6.ᵉ à 7.ᵉ....	51.23.00....	51.21.35	
Le 5 au soir.	9.19.40¼	9.24.01	Passage du 1ᵉʳ bord de la Lune. 7ʰ 20'⅔ bord sup.	32.17.20....	32.15.55	
			Diam. 31ᴿᵉᵛ. 31ᵖᵃʳᵗ. = 30'22"½. inf.	32.47.42½...	32.46.17½	
	9.28.37½	....	la moyenne des trois.... 4.ᵉ gr.	29.25.15....	29.23.50	
	9.32.15⅔	....	....	31.11.00....	31.09.35	
	9.35.35::	....	la dernière des trois en équerre...	32.12.15....	32.10.50	
	9.35.52½	....	o du Bélier...... 3.ᵉ à 4.ᵉ gr.	34.39.30....	34.38.05	
	9.39.38	....	π la boréale....... 4.ᵉ gr.	31.40.10....	31.38.45	33.35.15
Le 15	11.57.23⅔	....	Passage du 1ᵉʳ bord } du Soleil. bord sup.	{17ᵈ59'57"½+295:	71.52.13	72.01.10
	11.59.45	....	2ᵈ bord }	{71.53.37½...	71.52.12½	72.01.10
Le 24	0.01.00½	....	Passage du 1ᵉʳ bord } du Soleil. bord sup.	{72.00.45....	71.59.20	72.01.15
	0.03.22	....	2ᵈ bord }	{18.00 + 27	71.59.15	72.01.10
			Au mural, diamètre 32' 32"¼.			Solstitiales.
Le 26	0.01.51⅓	....	Passage du 1ᵉʳ bord } du Soleil. bord sup.	{71.57.05....	71.55.40	72.01.12½
	0.04.13⅔	....	2ᵈ bord }	{18ᵈ00'05"+156ᵖ¼	71.55.45	72.01.17½

1.ère Lunaison. *(note en marge, en regard du Le 27)*

Année 1745. Décemb.	TEMPS de la PENDULE.	TEMPS VRAI ou APPARENT.	ANNÉE M. DCCXLV.	DISTANCES AU ZÉNIT observées.	DISTANCES AU ZÉNIT corrigées.	ASCENSION DROITE du bord de la LUNE.
	H. M. S.	H. M. S.		D. M. Part. Micron.	D. M. S.	D. M. S.
Le 29 au soir.	0.02.54¼	....	Passage du 1er bord }du Soleil. bord sup.	71.48.05	71.46.40	
	0.05.16¼	....	2d bord}			
	5.10.55½	5.06.40	1er bord de la Lune. 5h 12'. bord inf.	51.46.52½	51.45.27½	355.36.40
Le 30 au soir.	5.49.30¾	5.44.53½	Passage du 1er bord de la Lune. 5h 50'½. bord inf.	45.54.55	45.53.30	
	5.57.29	....	Celle qui précède n de 45' à 34d 46'. Diam.	31 Révol. 19	...30.05	6.19.42½
Le 31 au matin.	7.25.59½	....	Passage d'Arcturus............	28.22.05	28.20.40	
ANNÉE 1746.			**ANNÉE M. DCCXLVI.**			
JANVIER. Le 3 au soir.	0.04.20¾	....	Passage du 1er bord du Soleil.			
	6.35.40	6.29.56½	Immersion de n des Pléiades sous le disque obscur.			
	7.17.47½	7.12.04	Immersion de f .... Diam.	32 Révol. 06	...30.45	
	8.39.43	....	Passage de n des Pléiades............	25.35.00	25.33.30	53.30.20
	8.41.17½	8.35.44	1er bord de la Lune. 8h 42'⅓ bord inf.	25.37.30	25.36.00	
	8.41.22½	....	f à 25d 38' 15". 8.42¼ bord sup.	25.12.15	25.10.45	
Le 6	0.05.11½	....	Passage du 1er bord }du Soleil. Diam.	34 Révol.06	...32.39¼	
	0.07.33½	....	2d bord} Lunette de 9 pieds.	4025	...32.33	
Le 8 au matin.	0.08.36	....	Passage de α des Gémeaux............	16.28.00	16.26.30	Centre.
	0.19.57½	....	β.	20.16.00	20.14.30	114.44.55
	0.27.56	0.21.04½	1er bord }de la Lune. {bord sup.	22.52.15	22.50.45	
	0.30.24½	0.23.32½	2d bord} {bord inf.	23.24.45	23.23.15	
	6.53.08¾	....	Arcturus............	28.22.02½	28.20.32½	
	0.08.03¼	....	2d bord du Soleil à 71d 5'.	33 Révol.34	...32.20	
Le 9	0.07.10⅛	....	Passage du Soleil en 2' 21"¼.			
Le 10	0.07.31	....	....2.20½.			
Le 13 au matin.	4.45.55½	....	Passage de δ du Corbeau............	63.57.05	63.55.35	
	4.48.58½	4.40.38	2d bord de la Lune à 4h 49' bord inf.	52.53.15	52.51.45	
	4.52.54	....	f de la Vierge...... 6.e grand.	53.17.45	53.16.15	184.56.40
	4.55.36	....	la suivante à 53d 34' 00". Diam.	34 Révol. 18	...32.55	
	4.57.58½	....	γ de la Vierge	48.55.22½	48.53.52½	184.56.47½
	5.25.36½	5.17.16	Saturne. 194.07.45	52.12.30	52.11.00	
	5.40.53½	....	l'Épi de la Vierge............	58.41.20	58.39.50	
	6.33.09	....	Arcturus............	28.22.05	28.20.35	
	0.07.18	....	1er bord }du Soleil.			
	0.09.38½	....	2d bord}			
Le 14 au matin.	5.36.53¾	....	Passage de l'Épi de la Vierge. Diam.	34 Révol. 10	...32.45	197.59.50
	5.37.02½	5.28.04½	2d bord de la Lune. 5h 35'½ bord inf.	59.46.27½	59.44.57½	
	5.57.30	....	Conjonction appar. au bord, & différ. en latitude à l'égard des bords oriental & boréal.	39.31	...38.00	
Le 15 au matin.	5.32.56¼	....	Passage de l'Épi de la Vierge............	58.41.15	58.39.45	211.28.57½
	6.22.22	....	....	65.51.00	65.49.30	
	6.26.50½	6.17.43½	2d bord de la Lune. 6h 25'⅔. bord inf.	66.05.30	66.04.00	
	6.32.13	....	la première des 2 contiguës. Diam.	34 Révol.03½	...32.35	
	6.32.15	....	la suivante............	67.39.00	67.37.30	
	0.07.56¼	....	Passage du 1er bord }du Soleil à 70d.			
	0.10.16⅔	....	2d bord}			
Le 16 au matin.	7.19.30⅔	7.10.02½	Passage du 2d bord de la Lune. 7h 18'¼ bord inf.	71.27.40	71.26.10	225.40.42½
	7.48.34⅓	....	α du col du Serpent............	41.38.00	41.36.30	225.40.40
	0.08.16¼	....	1er bord }Soleil à 69d ⅞ à 7h ½ Diam.	33 Révol.32½	...32.20	
	0.10.36½	....	2d bord}			
Le 17 au matin. au soir.	8.15.25½	8.05.36	Passage du 2d bord de la Lune à 8h 14'½. bord inf.	75.30.30	75.29.00	
	8.36.41	8.26.52	Jupiter.	69.44.30	69.43.00	
	6.04.06¼	....	α du Bélier ...... grand froid.	26.37.50	26.36.20	240.41.32½
Le 18 au soir.		4.38.15	Au nord............ γ de Cassiopée.	79d 40'05" — 320	10.28.07½	
		4.45.15	.... la Polaire.	50.50 + 219	39.04.06	
	6.00.10¼	....	Passage de α du Bélier............	26.37.45	26.36.15	

2.e Lunaison.

ANNÉE 1746. JANVIER.	TEMPS de la PENDULE.	TEMPS VRAI ou APPARENT.	ANNÉE M. DCCXLVI.	DISTANCES AU ZÉNIT observées.	DISTANCES AU ZÉNIT corrigées.	ASCENSION DROITE du bord de la LUNE.
	H. M. S.	H. M. S.		D. M. Part. Microm.	D. M. S.	D. M. S.
Le 22 au soir.		4.22.00	Au nord . . . . γ de *Cassioppée*.	79.40 — 311	10.28.00	
		4.38.00	. . . . la *Polaire*.	50.50 + 216½	39.04.09½	
	5.30.45½	. . . .	Passage de γ du *Bélier* double	30.50.25 . . .	30.48.55	
	5.31.46½	. . . .	β	29.19.30 . . .	29.18.00	
	5.44.00½	. . . .	α	26.37.45 . . .	26.36.15	
	6.57.05½	. . . .	α de *Persée* . . . . . au nord.	0.02.40 . . .	. . . 1.35	
Le 23 au matin.	10.16.32½	. . . .	Passage de α de la *Lyre* . . .	10.19.55 . . .	10.18.20	
			Hauteurs correspondantes du bord sup. du *Soleil*.	79.40 + 64½	10.18.06½	
	Midi non corrigé.	corr. — 13¾	au matin. au soir.			
	0.11.15		10h 05' 08"½ . . 16d 30' 00" . . 2h 17' 21"½			
	0.11.15½	. . . .	10.05.24½ . . . +50 . . . 2.17.06½			
	0.11.14	. . . .	10.09.08¾ . . . 16.50.00 . . . 2.13.19½			
	0.11.14½	. . . .	10.09.25 . . . +50 . . . 2.13.04½			
	0.11.01	. . . .	Midi vrai . . . . plus tard de 5"½ qu'au mural.			
au soir.	0.09.46⅓	. . . .	Passage du 1er bord } du *Soleil*. à 68d⅓.			
	0.12.05	. . . .	2d bord }			
	4.35.30	. . . .	. . . . la *Polaire*.	50.50 + 216½	39.04.10	
Le 24 au soir.	4.27.15	4.16.07½	. . . . la *Polaire*.	50.50 + 222½	39.04.00	
			(0h 11'02"⅖ le *Soleil* a passé.) δ de *Cassioppée*.	80.00 — 80½	10.01.55	
Le 25 au soir.	3.03.24½	2.52.09	Passage du 1er bord de la *Lune*. 3h 4'¼ bord inf.	54.02.30	54.00.55	
	4.26.00	4.14.45	. . . . la *Polaire*.	50d 49'57"½ +216½	39.03.57	
	4.48.30	4.37.15	δ de *Cassioppée*.	80.00 — 86	10.02.05	
	5.18.38	. . . .	Passage de γ du *Bélier*.	30.50.30 . . .	30.48.55	
	5.27.50⅔	. . . .	α du *Lien des Poissons*	47.20.35 . . .	47.19.00	351.01.22½
	5.31.53½	. . . .	α du *Bélier*	26.37.52½ . . .	26.36.17½	351.01.17½
Le 26 au soir.	3.42.29	3.31.05	Passage du 1er bord de la *Lune*. 3h 43'½ bord inf.	48.07.15 . . .	48.05.40	
	5.27.51	. . . .	u du *Bélier*. Les 26 & 27 Diam.	31 Révol. 16½ . . .	. . . 30.02½	
	5.43.52½	. . . .		49.38.50 . . .	49.37.15	1.48.27½
Le 27	0.10.26⅔	. . . .	Passage du 1er bord } *Soleil*. La grande pendule rétablie.			
	0.12.45	. . . .	2d bord }			
		4.02.00	Au nord . . . . γ de *Cassioppée*.	79.40 — 316	10.28.07½	
au soir.	4.21.26⅔	4.09.44½	Passage du 1er bord de la *Lune*. 4h 22'½ bord inf.	42.18.05 . . .	42.16.30	
		4.29.00	Au nord . . . . δ de *Cassioppée*.	80.00 — 88	10.02.07½	
	5.19.56½	. . . .	Passage de α du *Lien des Poissons*	47.20.42½ . . .	47.19.07½	
	5.23.59	. . . .	α du *Bélier*	26.37.55 . . .	26.36.20	
	5.30.35⅓	. . . .	la première ξ de la *Baleine*	41.13.55 . . .	41.12.20	12.33.40
	5.39.54½	. . . .	au-dessus de o du cou.	49.38.50 . . .	49.37.15	
Le 29 au soir.	0.10.46¼	. . . .	Passage du 1er bord } du *Soleil*. à 6h Diam.	31 Révol. 24 . . .	. . . 30.12½	
	0.13.03¼	. . . .	2d bord }			
	5.16.04¼	. . . .	α du *Bélier*	26.37.50 . . .	26.36.15	35.09.02½
	5.31.59¼	. . . .	Étoile au-dessus de o de la *Baleine* . . .	49.38.50 . . .	49.37.15	35.09.15
	5.43.40¼	5.31.38½	1er bord de la *Lune*. 5h 44'¼ bord inf.	31.39.00 . . .	31.37.25	
Le 30 au matin. au soir.	0.10.54	. . . .	Passage du 1er bord } du *Soleil* à 66d½.			
	0.13.11	. . . .	2d bord }			
	6.25.13	. . . .	α de *Persée*	0.02.40 . . .	Correction au zénit 1.35	47.32.17½
	6.29.10	6.17.01	1er bord de la *Lune*. 6h 32' bord inf.	27.12.20 . . .	27.10.55	
			Diam.	31 Révol. 32	. . . 30.25	
Le 31 au soir.	7.09.17½	. . . .	Passage de la première ω du *Taureau*.	29.57.55 . . .	29.56.20	
	7.18.44½	7.06.29½	1er bord de la *Lune*. 7h 19'½ bord inf.	23.43.25 . . .	23.41.50	
	7.22.02⅔	. . . .	χ du *Taureau*	23.52.40 . . .	23.51.05	50.57.52½
	7.36.09¼	. . . .	*Aldebaran*. 32d 54' 15". Diam.	32 Révol. 11½ . . .	. . . 30.52½	
FÉVRIER. Le 3 au soir.	0.11.14⅓	. . . .	Passage du 1er bord } du *Soleil* à 65d⅓.			
	0.13.30⅓	. . . .	2d bord }			
	10.09.12¼	9.56.43	1er bord de la *Lune*. 10h 11'½ bord inf.	22.05.15 . . .	22.03.40	
	10.20.44	. . . .	α des *Gémeaux*. Diam.	33 Révol. 35	. . . 32.25	
	10.28.19⅓	. . . .	*Procyon*	43.01.05 . . .	42.59.30	
	10.32.06½	. . . .	β des *Gémeaux*	20.16.00 . . .	20.14.35	106.41.50

3.e Lunaison.

4ᵉ Lunaison.

ANNÉE 1746. FÉVRIER.	TEMPS de la PENDULE.	TEMPS VRAI ou APPARENT.	ANNÉE M. DCCXLVI.	DISTANCES AU ZÉNIT observées.	DISTANCES AU ZÉNIT corrigées.	ASCENSION DROITE du bord de la LUNE.
	H. M. S.	H. M. S.		D M Part. Microm.	D. M. S.	D. M. S.
Le 11	0. 00. 03¼	....	Passage du *Soleil* en 2′ 14″ à 62ᵈ ⅞.			
Le 12	5. 00. 52	5. 00. 45½	2ᵈ bord de la *Lune*. 4ʰ 59′⅓ bord inf.	70. 09. 30	70. 07. 55	
au matin.	5. 08. 20¼	....	la 1ᵉʳᵉ moins vive, 25′ au sud. Diam.	33 Révol. 37	... 32. 25	
	5. 08. 44¼	....	.... 4.ᵉ à 5.ᵉ grand.	69. 52. 05	69. 50. 30	
	5. 14. 40⅔	....	l'informe entre la *Balance* & le *Scorpion*	67. 39. 35	... 67. 38. 00	
	5. 15. 47½	....	la suivante & moins vive 1	67. 31. 30	67. 29. 55	
	5. 18. 34⅓	....	une autre de la 4.ᵉ grandeur.	70. 16. 50	70. 15. 15	220. 59. 30
	6. 30. 31		Antarès	74. 40. 15	74. 38. 40	
Le 13	11. 59. 57	....	Passage du *Soleil* en 2′ 13″⅔ à 62ᵈ⅓.			251. 33. 02½
Le 14	6. 21. 33	....	Antarès. 74ᵈ 40′ 15″. Diam.	33 Révol. 05	... 31. 40	
au matin.	6. 51. 10	6. 51. 16	Jupiter 250. 38. 15.	70. 22. 00	... 70. 20. 25	
	6. 54. 46	6. 54. 52	2ᵈ bord de la *Lune*. 6ʰ 54′ bord inf.	77. 32. 37½ ...	77. 31. 02½	
au soir.	0. 00. 56¼	....	2ᵈ bord du *Soleil* à 61ᵈ⅞.	90. 00 + 155	90. 04. 20	
	5. 13. 13½	....	α de *Persée*. (la vraie 0ᵈ 4′ 15″)	0. 02. 37½ ..	au zénit 1. 37½	
	5. 39. 23⅓	....	n des *Pléiades*.	25. 35. 00 ...	25. 33. 25	
Le 15	7. 53. 26½	7. 53. 38½	Passage du 2ᵈ bord de la *Lune*. 7ʰ 52′½ bord inf.	78. 39. 00	78. 37. 25	267. 15. 27½
au matin.	8. 32. 45¼	....	α de la *Lyre*	10. 20. 00	10. 18. 25	
	11. 59. 47	....	Midi vrai par 2 hauteurs correspondantes du *Soleil*.			
au soir.	3. 56. 08¼	....	Passage de α du *Bélier*.	26. 37. 55	26. 36. 20	
Le 16	8. 28. 47	....	Passage de α de la *Lyre*	10. 20. 00	10. 18. 25	282. 44. 17½
au matin.	8. 51. 13½	8. 51. 33	2ᵈ bord de la *Lune*. le centre.	77. 44. 35	77. 43. 00	
au soir.	5. 05. 16½	....	α de *Persée*	0. 02. 40	au zénit 1. 35	
	5. 31. 26½	....	n des *Pléiades* ..... 25ᵈ 35′ 00″	90. 00 + 159	90. 04. 26	
	9. 24. 18⅔	....	Procyon.	43. 01. 15 ...	42. 59. 40	
Le 22	11. 57. 32½	....	Passage du 1ᵉʳ bord du *Soleil* à 59ᵈ.			
Le 23	2. 04. 55⅔	2. 06. 27½	1ᵉʳ bord de la *Lune*. 2ʰ 6′ bord inf.	44. 24. 37½ ...	44. 23. 02½	
au soir.	5. 03. 27¼	....	n des *Pléiades*.	25. 35. 00 ...	25. 33. 25	8. 21. 55
	5. 52. 13⅓	....	Aldébaran. 32ᵈ 54′ 15″ Diam.	31 Révol. 02½ ...	... 29. 42½	
Le 24	11. 57. 08¼	....	Passage du 1ᵉʳ bord } du *Soleil* à 58ᵈ¼.			
	11. 59. 20	....	2ᵈ bord }			
Le 26	11. 56. 42⅓	....	Passage du 1ᵉʳ bord } du *Soleil*.			
	11. 58. 53½	....	2ᵈ bord }			
au soir.	4. 09. 05½	4. 11. 17½	1ᵉʳ bord de la *Lune*. 4ʰ 10′ bord inf.	28. 44. 15	28. 42. 40	42. 29. 07½
Le 28	11. 56. 13¼	....	Passage du 1ᵉʳ bord } du *Soleil*. bord inf.	57. 01. 57½ ...	57. 00. 22½	
	11. 58. 24⅓	....	2ᵈ bord }			
au soir.	5. 47. 03¼	5. 49. 46	1ᵉʳ bord de la *Lune*. 5ʰ 48′ bord inf.	22. 09. 00	22. 07. 25	69. 02. 27½
	6. 08. 44½	....	α de la *Chèvre*. Diam.	32 Révol. 08	... 29. 47½	
	6. 13. 07⅓	....	Rigel	57. 22. 45	57. 21. 10	
	6. 21. 05⅓	....	β de la *Corne du Taureau*.	20. 30. 57½ ...	20. 29. 22½	69. 02. 07½
MARS. Le 1	11. 55. 56¼	....	Passage du 1ᵉʳ bord } du *Soleil*.			
	11. 58. 07½	....	2ᵈ bord }			
Le 2 au soir.	7. 38. 37½	7. 42. 55	Passage du 1ᵉʳ bord de la *Lune*. le bord inf.	20. 37. 35	20. 36. 00	99. 16. 55
			Brumes .... sup.	21. 09. 40	21. 08. 05	
Le 3 au soir.	8. 24. 20½	....	Passage de *Procyon*	43. 01. 20	42. 59. 45	
	8. 28. 07⅔	....	β des *Gémeaux*	20. 16. 00	20. 14. 25	114. 32. 22½
	8. 36. 30¼	8. 40. 08	1ᵉʳ bord de la *Lune*. le bord sup.	22. 46. 00	22. 44. 25	
			Diam. 33 Rév. 29 Part. = 32′ 15″. bord inf.	23. 17. 50	23. 16. 15	
Le 5 au soir.	5. 48. 36⅔	....	Passage de α de la *Chèvre* à 11ʰ Diam.	34 Révol. 33	... 33. 17½	
	5. 52. 59¾	....	Rigel.	57. 22. 45	57. 21. 10	
	10. 28. 23½	10. 32. 43½	1ᵉʳ bord de la *Lune*. 10ʰ 29′½ bord inf.	32. 08. 15	32. 06. 40	
	10. 41. 46¾	....	celle qui précède n.	31. 54. 05 ...	31. 52. 30	
	10. 44. 42	....	Régulus.	35. 41. 55	35. 40. 20	144. 37. 00
Le 6	11. 54. 22	....	Passage du 1ᵉʳ bord } du *Soleil* à 54ᵈ⅘.			
	11. 56. 32	....	2ᵈ bord }			

ANNÉE 1746. MARS.	TEMPS de la PENDULE.	TEMPS VRAI ou APPARENT.	ANNÉE M. DCCXLVI.	DISTANCES AU ZÉNIT observées.	DISTANCES AU ZÉNIT corrigées.	ASCENSION DROITE du bord de la LUNE.
	H. M. S.	H. M. S.		D. M. Part. Alleram.	D. M. S.	D. M. S.
Le 13 au matin.	4.40.50½	....	Passage de γ du *Scorpion* à 76ᵈ 30′. Diam.	33 Révol. 24	...32.07½	246.22.52½
	4.46.11½	4.52.54½	2ᵈ bord de la *Lune* à 4ʰ 45′½ bord inf.	76.52.15	76.50.40	
	4.49.52½	....	.... 5.ᵉ grand.	76.49.30	76.47.55	246.22.45
	5.14.05	5.20.47½	*Jupiter.* 254ᵈ 59′ 15″.	70.39.35	70.38.00	
	5.16.40½	....	Celle qui précède la jambe d'*Ophiucus*	69.08.47½	69.07.12½	
	11.54.14	....	2ᵈ bord du *Soleil* à 51ᵈ ⅔.			
Le 14 au matin.	4.30.40½	....	Passage d'*Antarès*. Diam.	33 Révol. 02	...31.37½	262.21.55
	5.46.00	5.53.04½	2ᵈ bord de la *Lune*. 5ʰ45′. bord inf.	78.35.22½	78.33.47½	262.23.22½
Le 18 au matin.	9.20.29½	9.28.58½	Passage du 2ᵈ bord de la *Lune*. 9ʰ19′½ bord sup.	68.28.22½ ...	68.26.47½	320.07.52½
	11.50.21½	....	1ᵉʳ bord du *Soleil* à 49ᵈ⅓.			
Le 22 au matin.	Pour Paris, Otez 5.44.37	7.17.58	Éclipse du *Soleil*. Milieu 7ʰ43′28″.			
		7.27.57	.... 8 doigts à *Chandernagor*.			
		8.01.51	.... 9 } grandeur 10ᵈ 45′.			
	Hauteur du Pole 22ᵈ 51′25″	8.08.58	.... 9 }			
		9.11.56	Fin.	Lieu du *Soleil* corrigé.		
	Pour Paris, Otez 7.35.40	9.16.40	Commencement vu à *Pekin*. angle par. 14ᵈ 30′½.	♉ 1ᵈ 18′ 21″½.		Vraie longitude de la *Lune*. ♉ 0.36.31½
		9.26.10	.... 1 doigt.			
		9.35.40	.... 2 } Grandeur 7 doigts 34′			
		0.05.00	.... 2 } ou 9 34.			
		0.15.20	 1			
		0.26.00	Fin de l'Éclipse. Angle parall. 31ᵈ 15′¾.	♉ 1.26.10.		♉ 2.09.9½
Le 24 au soir.	11.58.10	....	Passage du 1ᵉʳ bord } du *Soleil*.			
	0.00.19	....	2ᵈ bord }			
	1.31.38½	1.32.22½	Passage du 1ᵉʳ bord de la *Lune* à 1ʰ 32′½. bord inf.	35.11.30::	35.10.00	26.34.02½
	4.42.46½	....	α de la *Chèvre*.	3.10.55	au zénit 1.37	
	4.47.09¾	....	*Rigel*.	57.22.45	57.21.10	26.33.37½
Le 25 au soir.	11.58.52½	....	Passage du *Soleil* en 2′ 09″.			
	4.38.46½	....	α de la *Chèvre*	3.10.55	au zénit 1.37	
	4.43.10	....	*Rigel*	57.22.47½ ...	57.21.12½	
Le 26 au soir.	2.59.50½	3.01.20	Passage du 1ᵉʳ bord de la *Lune*. 3ʰ 1′ bord inf.	26.07.30	26.05.55	
	6.10.29½	....	*Sirius*.	65.14.30	65.12.55	
	6.49.15¾	....	α des *Gémeaux*. ... 16ᵈ 27′ 15″.	24ᵈ 40′ 2″½ +253	65.13.15	
	6.54.55	6.56.30	Immersion de ε des *Pléiades* sur le disque obscur.		16.25.40	50.40.10
	7.02.26½	....	Passage de *Procyon*.	43.01.10	42.59.35	
	7.03.55½	....	σ	19.24.45	19.23.10	
	7.06.13⅔	....	β des *Gémeaux*.	20.16.05	20.14.30	
	7.19.45	7.21.20	Immersion de la 2.ᵉ ο. à 7ʰ Diam.	31 Révol. 18	...30.02½	
	8.09.30	....	Conjonction apparente de n dist. à la corne austr.	.....270	...2.11	
Le 27	11.57.00½	....	Passage du 1ᵉʳ bord } du *Soleil*.			Lieu du *Soleil*. ♉ 6.40.21
	11.59.09¼	....	2ᵈ bord }			Tables + 33½
Le 28 au soir.	4.26.41½	....	α de la *Chèvre*.	3.10.52½ ...	3.09.17½	78.03.52½
	4.31.04⅔	....	*Rigel*.	57.22.50	57.21.15	
	4.41.01¼	4.43.24	1ᵉʳ bord de la *Lune*. 4ʰ 42′. bord inf.	21.08.45	21.07.10	
			la corne supérieure. 20ᵈ 37′ 57″½.	68ᵈ 50′ 02″½ +95ᵖ	21.07.16	
Le 31 au soir.	7.27.14	7.30.56	Passage du 1ᵉʳ bord de la *Lune*. bord sup.	24.39.40	24.38.05	
	10.51.37⅓	....	β du *Lion* (Diam. 33 Rév. 23)	32.53.30	32.51.55	122.46.42½
	11.55.30	....	étoile de la *Vierge* ... 5ᵉ grandeur.	51.02.30	51.00.55	191.14.25
	0.00.11¼	0.04.00	*Saturne* Achronique 191ᵈ 14′ 55″.	50.43.37½ ...	50.42.02½	
AVRIL. Le 1 au soir.	8.21.19⅔	8.25.30	Passage du 1ᵉʳ bord de la *Lune*. 8ʰ 22′½. bord inf.	29.16.07½ ...	29.14.32½	
	8.34.51	....	étoile du *Lion*. ..... 4ᵉ grand.	31.19.15	31.17.40	137.21.42½
	8.49.27::	....	la précédente & boréale à 27ᵈ 32′½. Diam.	34 Révol. 09	...32.42½	
	9.00.21	....	celle qui suit ε. ...... 4ᵉ grand.	25.43.15	25.41.40	
	9.06.33½	....	*Régulus*.	35.41.00	35.39.25	
Le 2 au soir.	11.54.25::	....	Passage du 1ᵉʳ bord } du *Soleil* à 44ᵈ. Diam.	34 Révol. 33	...33.17½	♉ 12.35.10 moins avancé de 25″ que selon les Tables.
	11.56.34	....	2ᵈ bord }			
	9.02.29⅓	....	*Régulus*	35.41.02½ ...	35.39.27½	151.32.15
	9.13.38⅔	9.18.17	1ᵉʳ bord de la *Lune*. 9ʰ 14′½ bord sup.	35.12.40	35.11.05	

ANNÉE 1746. AVRIL.	TEMPS de la PENDULE.	TEMPS VRAI ou APPARENT.	ANNÉE M. DCCXLVI.	DISTANCES AU ZÉNIT observées.	DISTANCES AU ZÉNIT corrigées.	ASCENSION DROITE du bord de la LUNE.
	H. M. S.	H. M. S.		D. M. Part. Microm.	D. M. S.	D. M. S.
Le 3 au soir.	11.54.00	....	Passage du 1er bord du *Soleil.* bord sup.	43.14.45....	43.13.10	
	11.56.08¼	....	2d bord			
Le 4	4.02.41⅔	....	*Rigel.*	57.22.50	57.21.15	
Le 5 au soir.	11.35.13¾	....	Passage de la précédente............	51.02.12½....	51.00.37½	
	11.35.35½	....	la suivante.. 51ᵈ 42' 22"½. Diam.	35^{Révol.} 25½....	...34.05	
	11.38.30⅔	11.44.28	*Saturne.*	50.34.32½....	50.32.57½	
	11.41.36¼	....	K de la *Vierge*	51.18.25....	51.16.50	
	11.42.32¾	....	la suivante	50.52.07½...	50.50.32½	
	11.46.53⅓	11.52.50½	1er bord de la *Lune.* bord int.	57.48.12½...	57.46.37⅓	
	11.49.14	11.55.11	2d bord bord sup.	57.14.02½....	57.12.27½	Centre.
	11.51.29	....	celle qui suit g de la *Vierge.*	57.50.00....	57.48.25	193.16.32½
Le 6 au soir.	11.52.43¾	....	Passage du 1er bord du *Soleil* à 42ᵈ⅜.			
	11.54.52¾	....	2d bord			
	11.45.34½	....	g de la *Vierge*	58.14.35....	58.13.00	
Le 12	0.01.23	....	Passage du *Soleil* en 2' 08"¾. A 5ʰ diam.	32^{Révol.} 18.....	...31.02½	
Le 13	5.04.04⅓	....	Passage de α de la *Lyre*	10.19.45....	10.18.10	
au matin.	5.15.06¼	....	e du *Sagittaire.*	75.24.30....	75.22.55	302.42.17½
	6.46.08¼	6.45.02½	2d bord de la *Lune.* 6ʰ 45' bord sup.	73.57.20....	73.55.45	
Le 14 au matin.	7.35.37½	7.34.55½	Passage du 2d bord de la *Lune.* 7ʰ 35' bord sup.	69.52.55....	69.51.20	316.07.57½
			Hauteurs correspondantes du bord sup. du *Soleil.*			
Midi non corrigé.		Otez 15⅔	au matin. .... 35ᵈ 40' 03" ... au soir. 3ʰ 02' 35"			
	0.00.53	....	9ʰ 00' 17"... + 350....3.01.29			
			9.05.06½...36.29.50.			
			9.05.15¾.. + 50.			
	0.00.37⅓	....	Midi vrai..... plus exactement 0.00.38			
Le 15 au matin.	8.20.50¼	8.20.28¼	Passage du 2d bord de la *Lune.* bord sup.	64.58.22½...	64.56.47½	328.28.00
	9.08.40	9.08.21⅔	Hauteur du bord supérieur du *Soleil.* 37ᵈ 20' 00"			
	9.09.47	....	.... + 350.			
	9.12.17	9.11.59⅓	.... 37.50.00.			
	0.01.22½	....	Pass. du 2d bord du *Soleil*...1" plustôt qu'au mér.			
au soir.	3.06.31¼	3.06.13	.... 35ᵈ 20' + 50ᵖ			
	3.06.40½	3.06.21⅔	.... 35.20. 00	86.50 + 16½	3.09.19	
	3.23.48	....	Passage de α de la *Chèvre.*	3.11.00...	3.09.25	
	3.28.12	....	*Rigel.*	57.22.55....	57.21.20	
	4.59.31¼	....	*Sirius.*	65.14.30....	65.12.55	328.27.35
	5.51.29	....	*Procyon.* .... 47.00. + 8ᵖ	43.01.12¼...	42.59.37½	
Le 16 au matin.	9.02.46⅓	9.02.44½	Passage du 2d bord de la *Lune.* 9ʰ 2' le bord sup.	59.30.50	59.29.15	340.13.32½
	11.58.53	9.02.44½	1er bord du *Soleil* à 38ᵈ¼.			
	0.01.03¼	....	2d bord	47.00.00....	42.59.52½	
au soir.	5.47.28	....	*Procyon* 47ᵈ 00' 00" exacte....	43.01.10....	42.59.35	
MAI. Le 1 au soir.	7.15.08	....	Passage de *Régulus*	35.41.00....	35.39.25	
	8.49.00	8.53.45	1er bord de la *Lune.* 8ʰ 50' bord sup.	45.59.52½....	45.58.17½	
	8.52.51½	....	ν de la *Vierge.*	40.55.37½....	40.54.02½	
	8.56.06	....	informe au-delà de υ du *Lion*	47.46.55....	47.45.20	
	8.57.29¼	....	β de la *Vierge*	45.40.50....	45.39.15	172.14.32½
			Diam.	35^{Révol.} 00.....	...33.27½	
Le 2 au soir.	11.55.04½	....	Passage du *Soleil* en 2' 13". à 9ʰ½ Diam.	35^{Révol.} 15.....	...33.50	
	9.38.35½	9.43.36½	Passage du 1er bord de la *Lune.* 9ʰ 38' bord sup.	53.23.07½....	53.21.32½	
	9.44.37½	....	γ de la *Vierge.*	48.55.35....	48.54.00	
	9.46.25	....	la petite étoile qui suit	49.02.55....	49.01.20	
	9.48.03	....	encore moins vive	51.21.52½....	51.20.17½	
	9.50.15¼	....	....	53.46.40	55.45.05	185.41.52½
Le 3	11.54.49½	....	Passage du *Soleil* en 2' 12"½. à minuit	35^{Révol.} 15.....	...33.50	Centre.
Le 4	11.11.34¼	....	*Arcturus.*	28.22.10....	28.20.35	214.46.30
au soir.	11.25.10¼	11.30.40¼	Passage du 1er bord de la *Lune,* bord sup.	67.18.35....	67.17.00	
	11.27.35¼	11.33.05¼	2d bord bord inf.	67.52.10....	67.50.35	

ANNÉE 1746. MAI.	TEMPS de la PENDULE. (H. M. S.)	TEMPS VRAI ou APPARENT. (H. M. S.)	ANNÉE M. DCCXLVI.	DISTANCES AU ZÉNIT observées. (D. M. Part. Microm.)	DISTANCES AU ZÉNIT corrigées. (D. M. S.)	ASCENSION DROITE du bord de la LUNE. (D. M. S.)
Le 5 au soir.	4.30.26½	....	Passage de Procyon	43.01.10	42.59.35	230.35.15
	6.58.51	....	Régulus..........	35.40.52½	35.39.17½	Centre.
Le 6 au matin.	0.24.05⅓	0.29.51⅓	Passage du 1er bord } de la Lune. { bord inf.	73.16.52½	73.15.17½	230.35.37½
	0.26.36½	0.32.22½	2d bord } { bord sup.	72.43.37½	72.42.02½	
	0.34.53½	....	α du Serpent, 41d 38' 05". Diam.	35 Révol. 02	...33.30	
	0.38.46¼	....	b du Scorpion	73.47.30	73.45.55	230.35.30
			Hauteurs correspondantes du bord supér. du Soleil. au matin. au soir.			Lieu du Soleil.
	Midi non corrigé. 11.54.18	corr. — 11	8h 55' 44"¼ .. 41d 50' 00".. 2h 52' 51"¾			♉ 15.42.46 moins avancé de 29" que selon les Tables.
	11.54.18	....	8.55.53½ ... + 50 ... 2.52.42½			
	11.54.07	....	Midi vrai.... précisément comme au q-d-c. mural.	....	....	
	11.53.00½	....	Passage du 1er bord } du Soleil à 32d⅓.			
	11.55.13½	....	2d bord }			
au soir.	4.26.22	....	Procyon ..... 47d 00' + 03p	43.01.10	42.59.40	
	6.54.46½	....	Régulus ..... 54.20.+ 22½	35.40.55	35.39.25	
	7.55.02½	....	↓ de la Grande Ourse	3.01.05		
Le 7 au matin.	1.01.26	....	Passage de la 3e C du Scorpion ..... 3.e grand.	76.46.50	76.45.20	
	1.12.41½	....	Antarès	74.40.22½	74.38.52½	247.35.37½
	1.14.37½	....	la petite étoile qui suit	74.47.20	74.45.50	
	1.18.53	....	τ du Scorpion	76.29.02½	76.27.32½	247.35.55
	1.29.04¾	1.35.05½	2d bord de la Lune. le bord sup.	76.56.25	76.54.55	
			Diam. 34 Rév. 17 Part = 32' 55". inf.	76.23.35	76.22.05	
au soir.	6.50.41½	....	Passage de Régulus .... 54d 20' + 14p½	35.40.55	35.39.25	
	7.50.56½	....	↓ de la Gr. Ourse. 3d 01' 00" ou 2"⅓	87.00.00	2.59.45	
Le 8 au matin.	2.32.57½	2.39.13	Passage du 2d bord de la Lune. bord inf.	78.31.10	78.29.40	
			Diam. 34 Révol. 00½ part = 32' 32½" ... sup.	77.58.40	77.57.10	
	2.37.12½	....	Passage de celle qui précède γ	79.00.00	78.58.30	
	2.43.54¾	....	γ du Sagittaire	79.12.00	79.10.30	264.38.05
	2.46.26	....	une autre	77.16.22½	77.14.52½	
	11.52.32½	....	Passage du 1er bord } du Soleil. à 31d¾.			
	11.54.45¾	....	2d bord }			
au soir.	6.46.35⅔	....	Régulus, 35d 40' 55" ou 52"½.	87.00.00	Corrections au zénit 0.20	
	7.46.49½	....	↓ de la grande Ourse	3.01.02½	.... 1.22½	
Le 9 au matin.	3.35.13¾	3.41.44	Passage du 2d bord de la Lune. 3h 35'⅓ bord inf.	77.59.37½	77.58.07½	
			Diam. 33 Rév. 20½ Part = 32'02"½	49.20 + 65½	40.38.09½	
	4.28.31	....	Passage de α de l'Aigle	40.39.37½	40.38.07½	281.16.42½
Le 10 au matin.	4.24.25	....	Passage de α de l'Aigle	40.39.30	40.38.00	296.51.57½
		4.00.00	Diam. 33 Rév. 02½ = 31' 32"½	40d 20' 2"¼ + 57	40.38.22	
	4.33.20⅔	4.40.03¼	Passage du 2d bord de la Lune. bord sup.	75.07.25	75.05.55	296.52.42½
	11.52.05⅔	....	Passage du 1er bord } du Soleil.			
	11.54.19½	....	2d bord }			
au soir.	7.38.57½	....	Au Secteur ↓ de la Grande Ourse ..... au sud.	0.00.37⅔	2.59.40	
	8.14.55	....	χ .... au nord.	3.19.30⅙	0.19.10	
Le 11 au matin.	5.26.07	5.33.04	Passage du 2d bord de la Lune. le bord sup.	71.22.15	71.20.45	311.08.00
	11.51.52½	....	Passage du 1er bord } du Soleil. corne inf.	71.53.00	71.51.30	
	11.54.06½	....	2d bord }			
au soir.	3.13.55¾	....	Sirius	65.14.25	65.12.55	311.07.12½
Le 12 au matin.	5.10.23½	....	Passage de α du Cygne 4d 30' 35". Diam.	32 Révol. 10½	...32.52½	324.04.45
	6.13.43½	6.20.53½	2d bord de la Lune. 6h 13' bord sup.	66.38.15	66.36.45	
au soir.	8.07.42	....	Au Secteur ... χ de la Grande Ourse.	3.19.32⅙	0.19.12¼	
	8.37.27	....	Passage de celle qui suit 0d 21' 55". χ au nord.	0.17.52½	— 1.20	
	8.44.19½	....	Autre étoile au sud .... 5.e grand.	0.17.45		
Le 13 au matin.	5.06.15¼	....	Passage de α du Cygne	4.30.32½	4.29.02½	336.01.07½
	6.57.15	7.04.38	2d bord de la Lune. 6h 56'½ bord sup.	61.16.30	61.15.00	
au soir.	3.05.41½	....	Sirius	65.14.25	65.12.55	336.01.12½
	7.26.32½	....	Au Secteur ... ↓ de la Grande Ourse.	0.00.39	2.59.38¼	
		....	Au quart-de-cercle mural, 3d 01' 05" ou	3.01.07½	— 1.27½	
	8.03.34	....	Au Secteur ... χ de la Grande Ourse au nord.	3.19.32⅛	0.19.12¼	
		....	Au quart-de-cercle mural	0.17.55	— 1.17¼	

7.e Lunaison.

ANNÉE 1746. MAI.	TEMPS de la PENDULE.	TEMPS VRAI ou APPARENT.	ANNÉE M. DCCXLVI.	DISTANCES AU ZÉNIT observées.	DISTANCES AU ZÉNIT corrigées.	ASCENSION DROITE du bord de la LUNE.
	H. M. S.	H. M. S.		D. M. Part. Micron.	D. M. S.	D. M. S.
Le 14	7.37.50¾	7.45.25¼	Passage du 2d bord de la *Lune*. 7h 37' bord sup.	55.33.40....	55.32.10	347.14.05
Le 15	8.16.49	8.24.36¾	2d bord de la *Lune*. 8h 16' bord sup.	49.41.37½...	49.40.07½	358.02.20
au matin.	11.51.03¾	....	Passage du 1er bord } du *Soleil* à 30d.			
	11.53.18	....	2d bord }			
Le 17	9.34.46	9.42.56½	Passage du 2d bord de la *Lune*. 9h 34' bord sup.	38.13.00....	38.11.30	19.38.45
au matin.	11.50.41½	....	Passage du 1er bord } du *Soleil* à 29d 32'½.			
	11.52.56	....	2d bord }			
au soir.	3.41.08¼	....	*Procyon*	43.01.10....	42.59.40	19.38.32½
Le 26	5.01.28¾	5.10.52¼	Passage du 1er bord de la *Lune*. 5h 2'½ bord sup.	31.02.15....	31.00.45	
au soir.	8.05.57½	....	γ de la *Vierge*	48.55.35....	48.54.05	140.56.50
Le 27	11.51.40¼	....	Passage du 2d bord du *Soleil* à 27d 35'. A 8h diam.	33 Révol. 36½....	...32.25	
au soir.	5.28.16¼	....	*Régulus*	35.40.57½...	35.39.27½	154.10.45
	5.50.06¼	5.59.36¾	1er bord de la *Lune*. 5h 51' bord sup.	36.51.45....	36.50.15	
	7.09.16½	....	ß du *Lion*	32.53.25....	32.51.55	
	8.01.48⅔	....	γ de la *Vierge* .... 48d 55' 32½	41d 09' 55" — 164	48.54.19	
	8.05.40½	....	*Saturne* 49.31.52½	40.30 — 63	49.30.34	
Le 28	6.37.30⅔	6.47.07	Passage du 1er bord de la *Lune*. 6h 38'½ bord sup.	43.26.55....	43.25.25	
au soir.	7.05.07⅔	....	ß du *Lion*. 32d 53' 22"½. Diam.	34 Révol. 08....	...32.42½	167.06.15
Le 29	5.19.58¾	....	Passage de *Régulus*	35.40.50....	35.39.20	
au soir.	7.00.59	....	ß du *Lion*. (Diam. 32' 10") ...	32.53.27½...	32.51.57½	180.00.52½
	7.24.50	7.34.32	1er bord de la *Lune*. 7h 26' bord sup.	50.28.30....	50.27.00	
Le 30	11.49.06¼	....	Passage du 1er bord } du *Soleil* à 27d⅛. A 8h diam.	34 Révol. 28....	...33.12¼	
au matin.	11.51.23	....	2d bord }			
au soir.	8.13.34	8.23.21½	1er bord de la *Lune*. 8h 14'¼ bord sup.	57.35.10....	57.33.40	
	8.32.16½	....	l'*Épi de la Vierge*	58.41.35....	58.40.05	193.16.32¼
Le 31	8.44.32⅔	....	Passage de m de la *Vierge*	56.16.45....	56.15.15	
au soir.	9.05.08⅔	9.15.02½	1er bord de la *Lune*. 9h 6' bord sup.	64.20.45....	64.19.15	
			Diam. 34 révol. 36 = 33' 22"½. inf.	63.53.55....	63.52.25	
	9.13.07¼	....	l'étoile du *Pied de la Vierge*.	63.56.55....	63.55.25	207.15.37½
JUIN. Le 1	11.58.56¼	....	Passage du 1er bord } du *Soleil* à 26d⅚.			
	0.01.13⅓	....	2d bord }			
Le 2	11.02.52	....	Passage de δ du *Scorpion*	70.43.15...	70.41.45	233.42.15
au soir.	11.13.23¼	11.13.23½	2d bord de la *Lune*. bord sup.	74.45.00....	74.43.30	
			A la lame, la *Lune* a passé en 2' 35"⅔. inf.	75.18.05....	75.16.35	
Le 3	11.58.50	....	Passage du 1er bord } du *Soleil* à 26d½.			
au matin.	0.01.06¼	....	2d bord }			
Le 4	11.58.47	....	Passage du 1er bord } du *Soleil*.			
	0.01.04½	....	2d bord }			
au soir.	11.23.01½	....	*Antarès*	74.40.30....	74.39.00	272.43.45
	11.32.55½	....	celle qui précède m du *Scorpion* ...	66.32.20....	66.30.50	
	11.36.07½	....	la plus vive & boréale des deux. 6e gr.	68.15.40...	68.14.10	
	11.39.00	....	.... 6.e gr.	71.36.45....	71.35.15	
	11.41.56¼	11.42.02½	*Jupiter* Achronique. 248d 13' 00"	70.03.15...	70.01.45	
	11.43.33	....	.... 8.e gr.	70.18.00 ::		
Le 5	1.18.18¼	1.18.24	Passage du 1er bord } de la *Lune*. bord sup.	77.50.45...	77.49.15	
au matin.	1.20.59	1.21.04¼	2d bord } bord inf.	78.23.10....	78.21.40	
	1.25.59	....	(Diam. 33 Révol. 38½ = 32' 27"½) ... 5.e gr.	81.57.00::		
	1.37.12½	....	α de la *Lyre*.			Centre.
	1.38.30¾	....	φ du *Sagittaire*	76.02.47½...	76.01.17½	272.43.55
	11.58.45⅓	....	Passage du 1er bord } du *Soleil* à 26d⅓.			
	0.01.03	....	2d bord }			
Le 6	8.13.18¼	....	Passage de l'*épi de la Vierge* 8h 14'⅓. δ de *Cassiopée*	18.00 — 406	72.10.31	304.44.52½
Le 7	3.19.06¼	3.19.16½	2d bord de la *Lune*. 3h 18' bord sup.	73.33.20....	73.31.50	
au matin.		....	Diam. 33 Révol. 03 = 31' 37"½. 3. 18⅓ bord inf.	73.01.30....	73.00.00	
	3.32.57⅓	....	Passage de α du *Cygne*.	4.30.25....	4.28.55	304.44.30

RÉFRACTIONS

RÉFRACTIONS HORIZONTALES
ou RECHERCHES
SUR LA QUANTITÉ ET LES PRINCIPALES VARIÉTÉS
DE CES RÉFRACTIONS.

Dans l'Histoire céleste publiée en 1741, on n'a pas jugé à propos de parler dans les plus grands détails, d'un lever & coucher des bords du Soleil aux environs du folftice d'été de l'année 1681, d'autant que les objets terreftres dont il eft fait mention dans les regiftres, n'exiftent plus, & qu'il n'a été poffible d'en reconnoître les diftances qu'à l'aide des Cartes nouvelles & autres recherches ultérieures.

Deux autres confidérations ont empêché d'ailleurs d'infifter alors fur ces réfractions horizontales. La première, que le 20 Juin au foir, feu M. Picard avoit conclu la réfraction horizontale, ou plutôt celle qui convient à 0^d 5′ de hauteur, de 33′ 05″, & qu'on foupçonnoit quelques erreurs dans les élémens de ce calcul, puifqu'en effet je n'y trouve aujourd'hui que 31′ 27″. En fecond lieu, parce qu'on étoit perfuadé pour lors qu'il falloit connoître les degrés de hauteur du baromètre & du thermomètre, au lieu qu'on eft très-convaincu aujourd'hui qu'il fuffit de choifir plus de confiftance dans l'état de l'atmofphère, lorfqu'elle eft rétablie par les vents généraux, & que c'eft la principale attention que les Obfervateurs doivent apporter, n'y ayant rien de fi variable que ces réfractions horizontales lorfqu'on les obferve dans les temps orageux & même à la fuite des grands changemens que nous remarquons à cette occafion dans notre atmofphère.

J'en viens de donner les preuves à l'Académie des Sciences le 24 Juillet 1773, puifque par une grande chaleur, le vent général du fud-eft étant alors le vent dominant, & le vent d'eft ayant rétabli l'atmofphère dans un état conftant depuis plufieurs jours, j'ai trouvé le 13 au foir, toujours dans le même lieu, la réfraction à 0^d 4′ 58″ de hauteur apparente à l'inftant du coucher du bord fupérieur du Soleil, de 31′ 52″: l'azimut étoit 54^d 45′ 50″ à compter du nord.

M. Wallot qui a fait le voyage de 1768, pour la vérification des montres marines, avec M.ᵉˢ Caffini le fils & le Roy, & qui vient d'obferver le 17 Juillet une très-belle aurore boréale, fuivie d'un ouragan & pluies qui ont contribué beaucoup à changer l'état de l'atmofphère, s'eft trouvé préfent aux deux obfervations du 13 & du 19 Juillet: or, ce jour-là, l'air étant fort rafraîchi & le vent remontant du fud-oueft au nord-oueft, nous mefurames avec le quart-de-cercle de 3 pieds de rayon, la hauteur des objets terreftres qui nous avoient fervi de repaires fur la côte d'Andrefis, éloignée de cinq lieues. Nous avions vérifié le 13 Juillet avec M. Caffini le fils, le quart-de-cercle à l'horizon par le renverfement, & j'ai pointé le 19, le quart-de-cercle au même objet de la côte d'Andrefis où nous avions vu difparoître le bord fupérieur du Soleil, fix jours auparavant: nous ne trouvames que 5 fecondes d'excès dans la hauteur de l'objet qui avoit été remarqué dans l'horizon fenfible; mais ce jour-là, 19 Juillet, les objets terreftres étoient fi diftincts, qu'ont les eût jugés plus rapprochés de nous, quoiqu'à la diftance de cinq lieues: or la réfraction trouvée par les derniers rayons du bord fupérieur du Soleil, qui s'étoit déjà montré une demi-heure auparavant hors des nuages, me parut ce jour-là en deçà de la rampe de la même côte, favoir à 90^d 0′ 26″ de diftance apparente au zénith de 33′ 47″.

Les changemens prefque fubits dans l'état de l'atmofphère, le 17 Juillet au foir, ainfi que dans la chaleur qui étoit bien diminuée, occafionnèrent donc cet excès de près de 2 minutes ou de 1′ 55″ dans l'accroiffement des réfractions horizontales du 19 Juillet 1773: à la rigueur on en pourroit ôter encore $0'\frac{3}{4}$, parce que le 19 Juillet le Soleil a difparu précifément à l'horizon.

On voit par-là les difficultés inféparables de la conftitution de l'air dans l'effet des réfractions aftronomiques, & que c'eft à la prudence de l'Obfervateur à les diftinguer dans les obfervations les plus délicates; en effet, fi elles font variables à l'horizon aux couchers du Soleil, que nous préférons incomparablement aux obfervations de fon lever, lorfque les vents généraux n'ont pas lieu; elles le doivent être auffi à de plus grandes hauteurs, quoique l'effet de ces variations foit bien moindre toutes les fois que l'aftre paroît plus proche du zénit.

Ce qui rétablit la chaleur dans nos zones tempérées, dépend abfolument du cours libre & non interrompu du vent général de l'eft, lequel fuit alors de l'eft à l'oueft la chaleur méridienne : celle-ci, dans l'été, rend fucceffivement brûlantes les régions terreftres fur lefquelles elle a dû paffer ; mais s'il fe trouve une barrière ou formation d'ouragan à quelques mille lieues ou environ dans l'oueft, & fi les degrés de chaud s'accumulent pour lors au point de caufer une chaleur exceffive dans nos climats, il s'enfuit que l'ouragan faifant irruption à l'inftant de la reproduction d'un air qui fe régénère, les pluies mêlées de cet air froid & chargé de glaces, doivent abforber tout le feu de la matière électrique répandue dans l'air qui nous environne & dans les objets terreftres. N'en avons-nous pas un exemple analogue lorfque nous jetons de l'eau fur le bois enflammé ou fur une braife allumée, puifque le feu quitte les matières combuftibles très-fubitement, pour fe joindre à l'eau qu'elle préfere, y ayant plus d'affinité entre ces deux élémens ! Finiffons cette digreffion qui m'a paru indifpenfable ici, pour remonter aux obfervations anciennes faites à l'Obfervatoire royal, fur les Réfractions aftronomiques : j'y ai obfervé auffi, il y a trente-deux ans, celles de 18^d à $4^d \frac{1}{4}$, à l'aide des fecteurs & des Étoiles circompolaires.

Le 14 Juin 1741, voulant vérifier les réfractions horizontales déterminées fur la fin du fiècle précédent, j'avois fait placer, pour la recherche des azimuts & des réfractions, dans la Tour occidentale de l'Obfervatoire, mon quart-de-cercle mobile & l'inftrument des paffages, &c. or à 8^h 4' 00" de la pendule, le bord fupérieur du Soleil fe coucha ou difparut dans l'horizon fenfible fur la côte d'Andrefis : il étoit alors 8^h 3' 37" de temps vrai, puifque la pendule marqua le jour fuivant 0^h 00' 19" au paffage déduit des deux bords du Soleil à la méridienne de la grande falle. La hauteur du bord fupérieur du Soleil ou de la côte d'Andrefis, étoit alors 0^d 05' 45", ayant égard à la correction du quart-de-cercle qui avoit été vérifié à l'horizon, on aura donc 0^d 5' 53", à caufe de la parallaxe, & par conféquent le centre 0^d 09' 55" fous l'horizon ; mais le calcul de l'heure nous donne 0^d 42' 44" $\frac{1}{2}$, ainfi la réfraction horizontale ce jour-là a paru de 32' 49", l'azimut, à compter du nord, étant alors de 51^d 59' 44" felon mon calcul. On connoît fans doute bien mieux la marche de la pendule aux autres obfervations qui précèdent & qui vont fuivre.

Je n'ai pu obferver le jour fuivant la hauteur du bord fupérieur qu'à 5^d & $4^d \frac{2}{3}$ de hauteur occidentale, & celles-ci font rapportées au *IIIe livre des Obfervations de la Lune.*

Je donnerai ci-après les réfultats des réfractions qui conviennent à ces hauteurs, auffi-bien qu'aux Étoiles circompolaires que j'ai vu fous le Pôle à l'Obfervatoire royal, m'étant attaché fur-tout à celles qui approchent le plus des hauteurs folfticiales d'hiver : on pourra les joindre à celles que l'on trouvera dans l'*Hiftoire célefte* publiée en 1741 ; elles leur ferviront de fupplément.

En 1769, le 3 Juin, à l'inftant du coucher du Soleil, la réfraction a dû être très-variable & peu décifive pour la recherche générale des réfractions à l'horizon ; mais comme on pourroit demander la quantité de cette réfraction à la fuite d'une journée qui fut mêlée d'orages & de pluies ; j'en donnerai ici les réfultats, parce que l'air étoit alors très-refroidi. Feu M. le Duc de Chaulnes étoit perfuadé que le bord fupérieur du Soleil avoit difparu dans l'horizon fenfible à 7^h 57' 17" : j'y ai foupçonné une minute d'erreur, & M. Maraldi, à qui je fis voir le réfultat fingulier que cette heure anticipée entrainoit dans la réfraction, voulut bien me communiquer fon Obfervation, favoir à 7^h 58' 8" ; de cette dernière Obfervation, on tire l'abaiffement du centre du Soleil fous l'horizon de 0^d 43' 20" $\frac{2}{7}$, ou bien à caufe de la parallaxe 0^d 43' 29" avec un azimut de 53^d 32' $\frac{1}{2}$ à compter du nord : en cet endroit la côte d'Andrefis s'élève infenfiblement & paroît prefque horizontale avec le point de l'horizon fenfible dont j'ai déterminé la hauteur apparente le 13 Juillet dernier. Soit donc fuppofé la hauteur apparente du bord fupérieur le 3 Juin 1769, de 0^d 5' 00", ou 5" tout au plus, & par conféquent le centre apparen fous l'horizon 0^d 10' 45" ; on aura donc la réfraction 32' 44".

J'ai fuppofé dans le calcul le lieu du Soleil ♊ 23^d 21' 31", & qu'il s'en manquoit à la plus grande déclinaifon boréale du Soleil 1^d 02' 17" : on voit clairement que l'amplitude du Soleil étoit encore fufceptible d'un grand accroiffement, & que fi l'azimut, à compter du nord, a dû être ce jour-là de 53ᵈ 32′ ½, on n'auroit le jour du folſtice d'été l'azimut, lors de la diſparition du même bord ſur ladite côte, que de 51ᵈ 44′ ½. Le 2 Juillet 1769, à 8ʰ 2′ 45″, j'ébauchai l'amplitude avec M. Maraldi pour reconnoître les objets où le Soleil avoit diſparu, & le vertical, à compter du nord étoit 52ᵈ 20′ ¼.

Obſervations de l'année 1681.

Dans l'*Hiſtoire céleſte*, page 150, le temps vrai à minuit a été déduit des hauteurs correſpondantes, & par conſéquent la pendule avançoit de 29″ ½ à l'inſtant de la diſparition du bord inférieur du Soleil, ce qui le réduit à 8ʰ 00′ 29″ ⅓ : ſoit le lieu du Soleil au même inſtant du 20 Juin 1681, ♋ 29ᵈ 51′ 05″, & la déclinaiſon boréale 23ᵈ 28′ 35″ : le centre du Soleil auroit donc été par le calcul 0ᵈ 10′ 31″, ſous l'horizon & à cauſe de la parallaxe 0ᵈ 10′ 39″, y ajoutant le demi-diamètre 15′ 48″, on aura pour le bord inférieur du Soleil 0ᵈ 26′ 27″, mais il paroiſſoit ſelon M. Picard, élevé ſur l'horizon de 5′ 00″ ; la réfraction auroit donc été ce jour-là de 31′ 27″, ce qui s'accorde aſſez avec l'obſervation du 13 Juillet 1773, parce qu'il eſt vraiſemblable, le ciel étant fort ſerein ſoir & matin, que la conſtitution de l'air ou l'état de l'atmoſphère étoit conſtant dans l'une & l'autre cas : à l'égard de l'azimut, à compter du nord, c'eſt-à-dire l'angle avec la méridienne par le vertical qui paſſoit par le centre du Soleil à l'inſtant que ſon bord inférieur a touché l'horizon ſenſible, le calcul donne 52ᵈ 30′ 03″ ½, plus grand de 49′ 36″ ½ que celui de 51ᵈ 43′ 27″ ½ qui auroit dû convenir au vertical de la diſparition du bord ſupérieur du Soleil, ſi on l'eût obſervé ce jour-là à ſa diſparition dans l'horizon ſenſible.

Des verticaux prolongés vers le Nord par l'effet de la réfraction.

Il eſt dit dans l'ancien regiſtre, que le Soleil a diſparu le 20 au ſoir, à la droite de certain arbre dont on ſe propoſoit de déterminer la déclinaiſon à l'égard du milieu du pilier de Montmartre, & en effet le jour ſuivant 21 Juin 1681, il eſt dit : *le filet vertical de la lunette coupoit par le milieu l'arbre ci-deſſus,*

$$\text{à } \begin{cases} 7^h\ 58'\ 14'' \dots\dots\ 1.^{er}\ \text{bord} \\ 8.\ 02.\ 01 \dots\dots\ 2.^e\ \text{bord} \end{cases} \text{ou de temps vrai, à } \dots \begin{cases} 7^h\ 57'\ 42''\tfrac{1}{3} \\ 8.\ 01.\ 29\tfrac{1}{3} \end{cases}$$

La hauteur du bord ſupérieur du Soleil avoit été obſervée au quart-de-cercle de 30′ 00″ à 8ʰ 00′ 48″ de temps vrai, & le calcul donne 3′ 12″ ½ de temps écoulé juſqu'à la diſparition du même bord ſupérieur ſous la côte d'Andreſis, élevée de 5′ 00″ ; d'où l'on pouvoit conclure que le Soleil a dû diſparoître ce jour-là à 8ʰ 04′, ou 4′ ⅔ ; or nous pouvons ſavoir actuellement combien le vertical de cet objet terreſtre étoit éloigné de la méridienne, puiſque les angles du Soleil levant & couchant ont été obſervés ſoigneuſement le 20 Juin au ſoir & le 21 au matin, à l'égard du milieu du pilier de Montmartre, ainſi qu'il eſt rapporté dans l'*Hiſtoire céleſte*, pages 250 & 251. Il y a auſſi une réduction de 10 ſecondes à faire au premier de ces angles obſervés le ſoir du 20 Juin, & encore parce qu'ils n'ont pas été meſurés ſoir & matin à la même ſtation. J'ai trouvé en 1740 entre les centres des deux Tours orientale & occidentale de l'Obſervatoire, 113 pieds 2 pouces, avec une différence de 2 pouces en excès de ce qui eſt rapporté, *page 130 de l'Hiſtoire céleſte*. Soit la diſtance du pilier de Montmartre à la ligne qui joint les centres des Tours 17604 pieds, qu'il faut réduire pour l'obſervation du 20 Juin au ſoir, à 4 pieds de moins ; la baſe étant 56 pieds 7 pouces, on aura 11′ 3″ pour la réduction.

Or à 7ʰ 55′ 40″ ⅓ de temps vrai, entre le 2.ᵉ bord du Soleil & le pilier de Montmartre, on a trouvé l'angle 53ᵈ 52′ 10″ ; & à 8ʰ 01′ 10″ ⅓, 52ᵈ 50′ 10″ : réduiſant à l'horizon & à la méridienne

$$\text{on aura } \begin{cases} 53^d\ 41'\ 17'' \\ 52.\ 39.\ 07 \end{cases} \text{enfin à l'égard du centre du Soleil } \begin{cases} 53^d\ 25'\ 28'' \\ 52.\ 23.\ 18. \end{cases}$$

dont il faudra retrancher 5 à 6 ſecondes, parce que le milieu du pilier de Montmartre n'étoit pas ſur la méridienne, mais tant ſoit peu à l'orient : d'ailleurs comme ce pilier paroit élevé d'un demi-degré ſur l'horizon, & que le Soleil l'étoit à 7ʰ 57′ 42″ ½ un peu davantage, on n'a pas dû négliger de réduire ces arcs à ceux de l'horizon.

Comme l'amplitude s'accroît alors de 11′ 24″ à chaque minute d'heure, & que nous cherchons la différence entre le vertical observé du Soleil à l'instant qu'il disparoît dans l'horizon sensible, & le vertical correspondant dans la sphère pour le cas où la réfraction seroit nulle ou dans la supposition qu'il n'y auroit aucune atmosphère autour de la Terre, nous ne devons considérer les heures, &c. ou les temps écoulés à la pendule, du 20 au 21 Juin au soir, que comme les seuls moyens d'interpoler les arcs de distances observées & de les réduire à un instant commun.

En effet, nous n'employons plus absolument l'angle horaire, puisque pour connoître le vertical apparent où le Soleil a disparu plus tard par l'effet de la réfraction, nous y substituons l'angle au zénith ou l'azimut, à compter du nord; & quant à l'autre vertical, on aura les trois côtés connus du triangle sphérique obliqu-angle, lequel a ses trois sommets au pôle, au zénith & à l'almucantarat du centre apparent du Soleil.

Opérations faites en l'année 1681.

Les deux Observations faites à 7^h 55′ 40″$\frac{1}{3}$ & à 8^h 01′ 10″$\frac{1}{3}$, le 20 Juin au soir, dont les angles azimutaux ont été rapportés, peuvent nous donner chacune l'angle qui convient à 8^h 00′ 29″$\frac{1}{3}$, c'est-à-dire au moment que le bord inférieur du Soleil touchoit l'horizon, savoir par un milieu de 52^d 30′ 44″; mais si l'on suppose la distance du zénith au pôle 41^d 09′ 45″, le complément de la déclinaison 66^d 31′ 21″, & la distance du bord inférieur corrigé 89^d 54′ 52″ à l'égard du zénith, ou plutôt celle du centre du Soleil qui étoit au même vertical 89^d 39′ 03″, l'angle azimutal, à compter du nord, sera 53^d 15′ 18″, ce qui excède l'angle observé de 44′ 34″: telle est la différence d'azimuts causés à cet instant par l'effet des réfractions, parce qu'elles font paroître le Soleil plus élevé, & que l'azimut apparent s'est prolongé vers le nord de 0^d 44′ 34″.

Ainsi la réfraction auroit été à 0^d 5′ de hauteur apparente sur l'horizon, de 31′ 06″.

Les Observations du jour suivant, 21 Juin au soir, ont été faites à dessein de constater l'effet de la réfraction à 30 minutes de hauteur sur l'horizon, & nous en parlerons bientôt, comme aussi à dessein de vérifier l'azimut de l'arbre auprès duquel le Soleil avoit disparu la veille; mais au lieu de 7^h 57′ 42″$\frac{1}{3}$, il faut lire 7^h 58′ 42″$\frac{1}{3}$ de temps vrai pour l'instant auquel le bord précédent du Soleil a paru dans le vertical passant par cet arbre, ce qui donne ce vertical éloigné du nord de 52^d 34′ 29″: à l'égard de l'autre bord observé du Soleil par le vertical constant du même arbre, savoir à 8^h 02′ 01″ de la pendule ou de temps vrai à 8^h 01′ 29″$\frac{1}{3}$, je trouve en supposant le demi-diamètre du Soleil comme dans le cas précédent de 15′ 49″, l'angle azimutal 52^d 33′ 39″, à 50″ près de ce qui a été conclu par le passage du $1.^{er}$ bord du Soleil. On peut enfin conclure que cet objet étoit assez exactement à 52^d 34′ 00″, ou 2″$\frac{1}{2}$ du nord à l'ouest, & qu'il précédoit d'environ 3′$\frac{1}{4}$, le point de l'horizon sensible où le bord inférieur du Soleil l'avoit touché le 20 Juin au soir; & que vraisemblablement l'horizon n'étoit pas assez distinct dans le lieu où le Soleil a dû pour lors disparoître, c'est-à-dire où les derniers rayons, qui sont les rayons bleus du bord supérieur, ont terminé la course apparente de cet Astre vers les 8^h 4′$\frac{1}{2}$ & à $51^d\frac{3}{4}$ à compter du nord.

Dans les Mémoires de l'Académie de l'année 1766, j'ai expliqué comment par l'Étoile α de la Lyre, laquelle a une amplitude incomparablement plus grande que celles dont il vient d'être ici question, on pouvoit décider des réfractions horizontales par 4 degrés ou environ de déplacement des verticaux, vrais & apparens, au lever & au coucher de cette Étoile; mais il eût fallu pour cet effet, s'établir proche Paris sur la butte de Châtillon, au mois de Septembre, lorsque la saison avant & après l'équinoxe, devient favorable à ces sortes de recherches, & il n'y a nul doute qu'un lever & un coucher de l'Étoile vue dans l'horizon sensible, à trois heures un quart de distance, n'eût donné le double de l'effet de la réfraction, lorsqu'au défaut du vent du nord celui qui vient de l'est ne peut seul occasionner ici aucunes brumes; enfin la Tour bâtie sur la butte de Châtillon n'ayant pu jusqu'ici être habitée, il a fallu renoncer pour quelque temps à d'aussi grands avantages qu'est celui du déplacement sensible des verticaux, & j'avoue que ce déplacement s'accroîtroit encore davantage à Paris si l'on préféroit à la brillante de la Lyre, Algol de Méduse qui doit rester encore moins de temps sous l'horizon. J'ai fait déjà d'autres, tentatives à ce sujet en Normandie, & celles du Soleil levant & couchant au solstice d'été 1772, sont complètes: j'ai aussi remarqué en Septembre, en ce lieu-là, le vertical apparent du coucher de la Lyre; mais comme, à cause de la mer & moins de chaud, on a d'autres réfractions, je n'entrerai pas dans cette digression, que je pourrois pousser plus loin en recherchant les azimuts vrais & apparens du Soleil, le 24 Mai au soir & le 25 Mai au matin à Torneâ. Les angles y ont été mesurés avec beaucoup de soin avec le quart-de-cercle de 2 pieds de rayon, mais l'observation du soir & celle du matin, ne furent faites qu'à dessein de vérifier le nord; celle du soir, il est vrai, fut faite avant que le Soleil disparut totalement à 10^h $10'$ dans l'horizon sensible: la hauteur de ce même horizon est connue, puisque nous avons celles des montagnes les plus élevées vers le nord, & que d'ailleurs il nous est indispensable de connoître ces hauteurs si l'on veut faire les calculs des réfractions qui conviennent à ce climat glacial aux environs de l'horizon sensible.

Après l'observation du 13 Juillet 1773, j'ai mesuré l'angle entre la pyramide de Montmartre & l'objet où le Soleil avoit disparu: M. le Président Bochard de Saron, qui voulut bien me prêter l'un de ses quarts-de-cercle, construit par Jean Bird, détermina cet angle, à $1''\frac{1}{4}$ près, du milieu de mes deux résultats; mais cette amplitude doit être néanmoins vérifiée avec différens quarts-de-cercle, puisque l'avantage que la nouvelle méthode offre aux Astronomes de n'avoir plus recours à l'angle horaire ou au temps vrai, n'est réel absolument que pour des Étoiles dont la déclinaison boréale surpasse 35 à 40 degrés sous la latitude de Paris. Que si on veut l'employer en effet pour les amplitudes du Soleil au solstice d'été, l'arc de l'horizon depuis le vrai nord doit être indépendant de l'erreur, même la plus légère, des divisions des instrumens relatives à leur arc total de 90 degrés; comme aussi d'une autre erreur constante dans la position d'un objet qu'on suppose être dans la vraie méridienne du côté du nord, telle qu'est ici, par exemple, la pyramide de Montmartre: il n'y auroit nul inconvénient, à ce qu'il semble, à la vérifier encore par d'autres méthodes & d'établir enfin la vraie direction du nord, à l'aide d'un excellent instrument des passages.

PREMIERS ESSAIS

Sur l'effet des Réfractions à la hauteur de 18 degrés, en y employant les Étoiles circumpolaires.

Le même secteur qui fut employé en Lapponie à la mesure de la Terre, m'a servi depuis à déterminer les réfractions astronomiques, par les Étoiles qui passent sous le Pôle depuis $4^d\frac{2}{3}$ jusqu'à $10^d\frac{1}{3}$, & par une méthode moins directe, mais aussi sûre, celles qui conviennent à $3^d\frac{1}{2}$ & à $11^d\frac{2}{3}$. L'étendue limitée qu'avoit le limbe de ce secteur, m'ôta bientôt la facilité de pouvoir conclure la réfraction à de plus grandes hauteurs: pour y suppléer, j'ai déterminé les plus grandes hauteurs méridiennes de γ & de δ de Cassiopée avec différens quarts-de-cercle. Feu M. Cassini voulut bien aussi observer γ de Cassiopée à son secteur, il y a trente ans, & me communiquer les détails nécessaires pour en déduire sa distance apparente au zénith; c'est d'après cet examen suivi que j'ai conclu pendant les froids du matin, en Janvier 1744, la réfraction astronomique à la hauteur de 17^d $50'$, savoir $3'$ $25''$ & $3'$ $15''$ du côté du nord. Si la chaleur méridienne du Soleil n'en diminuoit pas tant soit peu l'effet en Décembre, on auroit par-là la réfraction qui convient à la hauteur du solstice d'hiver; telles sont les premières conclusions que j'avois tirées sur l'effet de ces réfractions, comme on le peut voir ci-devant aux hauteurs rapportées le 5 & le 11 Janvier 1744: mais les soirs au printemps de l'année 1741, j'avois aussi observé les mêmes Étoiles à leur plus grand abaissement sous le Pôle; & afin qu'on puisse mieux constater les réfractions & en juger avec plus de sûreté, voici les détails des observations qui en furent faites & réduites à l'heure du passage au méridien.

1741, le 29 Mai, γ de Cassiopée	18^d $11'$ $16''\frac{1}{2}$	18^d $11'$ $24''$ corrigée.
Le 1.er Juin...........	18. 11. $26\frac{1}{2}$	18. 11. 25
Le 2.................	18. 11. 30	18. 11. $27\frac{1}{2}$
Le 15 Décembre.......	18. 12. 24	18. 12. 15
Le 18...............	18. 12. 25	18. 12. 25

$$\text{Semblablement } \natural \text{ de Cassiopée } 1741 \text{ , le } \begin{cases} 2 \text{ Juin} \ldots . & 17^d \ 45' \ 34''. \\ 3 \ldots\ldots & 17. \ 45. \ 37. \\ 4 \ldots\ldots & 17. \ 45. \ 27. \\ 15 \text{ Décembre} & 17. \ 46. \ 45. \\ 16 \ldots\ldots & 17. \ 46. \ 40. \\ 18 \ldots\ldots & 17. \ 46. \ 40. \end{cases}$$

Toutes ces Observations furent faites dans la Tour occidentale de l'Observatoire royal, & il ne faut pas les confondre avec d'autres que j'ai faites depuis, lorsqu'en 1744 le nouveau quart-de-cercle-mural a été placé sous une latitude $0^d \ 1' \ 50''$ plus nord, dans un lieu qui n'est pas autant élevé, puisqu'à peine y compte-t-on 2 à 3 toises au dessus des moyennes hauteurs de la rivière de Seine, ce qui diffère d'environ 20 toises de l'élévation attribuée à la hauteur de la grande salle de l'Observatoire royal.

L'Étoile $\natural$ de Cassiopée paroît ici du côté du nord, au-dessus du Pôle autant élevée que a de la Lyre, du côté du sud; ce qui fournit au quart-de-cercle mobile une vérification des divisions du point de $79^d \ 40'$ sur lequel bat le fil-à-plomb, qui pend du centre, parce que la déclinaison de la Lyre a d'ailleurs été vérifiée depuis à Paris & à Gréenwich avec de plus grands instrumens. J'observai aussi à mon nouveau quart-de-cercle mural ces deux Étoiles, en Janvier 1744: voici d'abord les Observations de γ faites au secteur à l'Observatoire royal.

$$1741, \text{ le } 23 \text{ Décembre } \gamma \text{ de Cassiopée } 36^d \ 51' \ 25''::$$
$$29 \ldots\ldots\text{un peu de vent } 36. \ 51. \ 31 \qquad \Big\} \text{ & le zénith répond à } 26^d \ 23' \ 10''.$$

C'est pourquoi si l'on préfère la 2.ᵉ Observation, on aura la distance apparente de l'Étoile au zénith $10^d \ 28' \ 21''$, ou sa hauteur méridienne $79^d \ 31' \ 39''$: mais supposant la réfraction de $10'' \frac{1}{2}$, la distance au zénith, corrigée, sera $10^d \ 28' \ 31'' \frac{1}{2}$, ou bien à cause de l'aberration & de la nutation, la moyenne $10^d \ 28' \ 23''$; & par conséquent la déclinaison boréale $59^d \ 18' \ 38''$, en supposant l'équateur élevé de $41^d \ 09' \ 45''$.

Je n'ai pu observer cette Étoile avec le même succès que $\natural$ de Cassiopée, à mon quart-de-cercle mural, en Janvier 1744; mais l'un & l'autre ont été observées à mon quart-de-cercle mobile, plusieurs fois, & il est aisé dans tous les cas, de réduire la déclinaison moyenne observée à l'année 1750: ainsi les distances au zénith au quart-de-cercle mural de 5 pieds, ne sont que pour $\natural$ de Cassiopée

$$\text{le } 13 \text{ Janvier } 10^d \ 01' \ 07'' \tfrac{1}{2}::$$
$$\text{le } 18 \ldots\ldots \ 10. \ 01. \ 25.$$

Celle du 18 Janvier donneroit la déclinaison moyenne de $58^d \ 53' \ 31''$ boréale, & réduite à 1750 ... $58^d \ 55' \ 25''$.

Mais au quart-de-cercle mobile

$$\text{le } 3 \text{ Janvier } 1744, \gamma \text{ de Cassiopée } \ 79^d \ 32' \ 48''.$$
$$\text{le } 10 \ldots\ldots\ldots\ldots\ldots\ldots \ 79. \ 32. \ 42\tfrac{1}{2}.$$

Ce qui donne la déclinaison moyenne de γ réduite au 1.ᵉʳ Janvier 1750, $59^d \ 21' \ 13'' \tfrac{1}{2}$, ou $19''$, laquelle diffère très-peu de celle qu'on peut conclure de l'observation faite au secteur de l'Observatoire royal, puisqu'étant réduite à 1750, on aura $59^d \ 21' \ 15'',7$.

Le même quart-de-cercle mobile a donné

$$\text{le } 7 \text{ Janvier pour } \natural \text{ de Cassiopée } 79^d \ 58' \ 34''.$$
$$\text{le } 11 \ldots\ldots\ldots\ldots\ldots\ldots \ 79. \ 58. \ 32.$$

Et la déclinaison moyenne $58^d \ 53' \ 32'' \tfrac{1}{2}$, à une seconde près de ce qui a été conclu à l'aide du quart-de-cercle mural.

Réfractions à 18 degrés de hauteur à l'Observatoire royal.

En Juin.		*En hiver.*	
γ à $18^d \frac{1}{3}$	$3' \ 03''$		
	$3. \ 04.$	γ à $18^d \frac{1}{3}$	$3' \ 09'' \frac{1}{2}$
	$3. \ 06\frac{1}{2}$		$3. \ 19\frac{1}{2}.$
$\natural$ à $17\frac{3}{4}$	$2. \ 56\frac{1}{2}$	$\natural$ à $17\frac{3}{4}$	$3. \ 26.$
	$2. \ 59\frac{1}{2}$		$3. \ 21.$
	$2. \ 49\frac{1}{2}$		$3. \ 21.$

Nous avons fuppofé pour cet effet la déclinaifon moyenne de γ au 1.er Juin 1741, de 59ᵈ 18′ 31″, & celle de ☽ 58ᵈ 52′ 46″; & au 15 Décembre de la même année 59ᵈ 18′ 41″½ & 58ᵈ 52′ 56″; quant à l'aberration & à la nutation, nous y avons eu égard, en ayant calculé les élémens & ayant employé enfuite l'échelle logarithmique pour en déduire les variations diurnes. Quant à la température de l'air en Juin 1741, le thermomètre marquoit 15 à 18 degrés; & il geloit à peine, le thermomètre marquant un degré au-deffous de la glace, en Décembre avant le lever du Soleil.

Les différences dans les réfractions font peu confidérables, comme cela fe voit, de Juin en Décembre; car en fuppofant en Juin la réfraction de 3 minutes, précifément à 18 degrés de hauteur, elle excédoit à peine en Décembre d'un tiers de minute ou de 20 fecondes.

On pourroit donc conclure que la réfraction qui convient à la hauteur méridienne du Soleil au folftice d'hiver, ne furpaffe pas 3′ 10″ à la hauteur de la grande falle de l'Obfervatoire.

Dans un lieu beaucoup plus bas, en Janvier 1744, le froid étant augmenté, la réfraction a paru de 3′ 10″ en y employant la hauteur du Pôle ou la même latitude réduite 48ᵈ 52′ 05″ qu'aux obfervations faites à l'Obfervatoire royal, mais il n'eft plus poffible de conftater avec le feul quart-de-cercle mobile, d'auffi petites différences entre les réfractions que celles qui conviendroient aux deux Obfervatoires à de fi grandes hauteurs que 18 degrés; ainfi nous terminerons ici ces premiers Effais fur les réfractions qui conviennent à la moindre hauteur folfticiale du Soleil, ayant voulu fatisfaire à ceux qui defirent corriger par ces réfractions nos plus anciennes Obfervations du fiècle précédent.

Des autres réfractions qui précèdent celles de l'horizon.

On peut voir au *II.ᵉ livre précédent, page VI du Difcours préliminaire,* quelle a été la réfraction d'hiver depuis 1ᵈ jufqu'à 4ᵈ⅔ par les hauteurs orientales du Soleil, & qu'il eft facile d'avoir égard à l'effet de la chaleur, laquelle devient fenfible à mefure que le Soleil monte en s'éloignant de l'horizon. Celui-ci eft trop borné à l'Obfervatoire royal aux levers & aux couchers d'hiver, ce qui m'a empêché d'y vérifier dans les grands froids, la réfraction horizontale.

Le 21 Décembre 1741, le bord fupérieur du Soleil à fon coucher, a difparu dans l'horizon fenfible à la hauteur de 0ᵈ 43′ 17″½.

J'avois règlé ce jour-là ma grande pendule par les hauteurs correfpondantes du Soleil, ayant effayé d'ailleurs de découvrir l'azimut du moulin de Fontenai, que je trouvai de 41ᵈ 56′, à compter du Sud, le Soleil y ayant paffé à 3ʰ 05′ 24″¼ de temps vrai : or à 3ʰ 06′ 30″⅔ le bord fupérieur a paru élevé de 6ᵈ 58′ 50″: enfin à 3ʰ 59′ 04″ il étoit élevé de 0ᵈ 55′ 07″½. Le calcul donne la vraie hauteur du même bord 0ᵈ 30′ 24″; ainfi la réfraction a dû être en ce moment-là de 24′ 43″½, ce qui diffère de 3 minutes au moins de celle qui avoit été recherchée au lever du Soleil en Février 1740 pendant un très-grand froid. Car ce jour-là & le précédent 20 Décembre 1741, les vents règlés avoient foufflé conftamment du côté du Soleil, favoir du fud-eft au fud-oueft, & la belle faifon qui règnoit alors, nous faifoit à peine fentir un froid de congélation aux momens que le Soleil defcendit fous l'horizon.

On fait qu'à Torneá la réfraction horizontale a paru au folftice d'été de 35 à 36 minutes, mais les réfractions fous la Zone torride ne font pas égales à Cayenne & au Pérou, ainfi que je l'ai prouvé il y a deux ans; d'où il faut conclure que la moyenne réfraction fous la Zone torride n'eft que de 30 minutes à l'horizon, & que M. Bouguer n'a pas généralement prouvé qu'elles étoient 3 minutes plus petites au niveau de la mer, dans la Zone torride.

Une preuve évidente s'ajoute ici à celles qu'on a alléguées, favoir, que la différence du niveau des mers n'eft pas la caufe des grandes différences obfervées dans les réfractions que Richer a trouvées par l'Étoile polaire à l'île Cayenne de 15′⅛ à 2ᵈ 44′ de hauteur, au lieu de 3 minutes de moins que la Table de Bouguer donne à pareilles hauteurs pour la mer du Sud qui feroit 100 à 120 toifes plus haute; c'eft ce que j'ai obfervé par α de la Chèvre, à Paris & au château de Meudon.

L'Obfervatoire royal étant fitué 32 à 33 toifes plus bas que la cour ou périftile du vieux château de Meudon, le baromètre y doit paroître environ 3 lignes plus haut : j'ai donc examiné quelles différences cette inégalité de hauteurs au-dessus de la rivière de Seine, pouvoit produire dans les réfractions :

le 6 Août 1742, à l'Observatoire royal, α de la Chèvre 4ᵈ 42′ 12″½ ou 13″.

le 7. . . . . 4. 42. 07 ½ tout au plus.

Le vent étoit à l'ouest le 6 Août, & le thermomètre exposé au nord marquoit à peine 13 degrés, & le baromètre 27 pouces 10 lignes.

Supposant donc la déclinaison moyenne de α de la Chèvre 45ᵈ 42′ 14″½, & l'apparente 5 secondes plus petite ; la hauteur de l'Étoile au-dessous du Pôle, auroit été 4ᵈ 32′ 24″½ ; & la réfraction . . . . $\left\{\begin{array}{l} 9′\ 48″ \\ 9.\ 43 \end{array}\right\}$ à cette hauteur.

En 1759, le 9 Août, au vieux château de Meudon, α de la Chèvre 4ᵈ 41′ 40″ ; donc réfraction 9′ 45″½ ; le baromètre marquoit ce jour-là à Paris, dans le même lieu 28 pouces une ligne, & le thermomètre 15 degrés : on s'est servi du même quart-de-cercle, & le fil-à-plomb ayant paru dans l'un & l'autre cas sur le même point 4ᵈ 40′, le micromètre seul a indiqué la différence de hauteur apparente. L'on a supposé la différence en latitude de 1′ 47″½, dont l'Observatoire royal est plus au nord : à l'égard de la déclinaison de l'Étoile, j'ai supposé la moyenne déclinaison au 9 Août 1759, de 45ᵈ 43′ 36″, & l'apparente 10½ à 11 secondes plus petite.

FAUTES À CORRIGER *au quatrième Livre.*

Page 1, Article IV, *lisez*, l'arc de 0 degrés à 35 degrés.

14, au 4 Juin, *lisez*, 9ʰ 14′ 33″½.